CALLWEY

CALLWEY

Blumengärten

Klassisch, ländlich und modern

Heidi Howcroft

Impressum

Streitfeldstraße 35
81673 München
www.callwey.de
E-Mail: buch@callwey.de

Die Deutsche Bibliothek verzeichnet diese Publikation in der Deutschen Nationalbibliografie; detaillierte bibliografische Daten sind im Internet über http://dnb.ddb.de abrufbar.

ISBN 3-7667-1627-1

Projektleitung:
Dorothea Montigel, München
Lektorat:
Adriane Andreas, buchundmehr, München
Übersetzung (Kapitel 1, 2 und 8 – Rabattenregeln):
Maria Gurlitt-Satori, Endingen
Gestaltung:
A34 Büro für Kommunikation und Realisation, Helmut Gebhardt, München
Litho, Druck und Bindung:
Fotolito Longo, Bozen

Printed in Italy 2005

Der Charme von Blumengärten

Auf der Suche nach dem Blütentraum

Wenn man sich die Frage stellt, was die bedeutendsten Leitbilder für Blumengärten sind, fallen einem sofort zwei englische Gärten ein: Hidcote Manor Garden (Seite 2) und Sissinghurst Castle Garden (links). Beide, jetzt im Besitz des National Trust und so für jedermann gegen Eintritt zugänglich, wurden ursprünglich von zwei leidenschaftlichen Gärtnern aus dem Nichts geschaffen. Lawrence Johnson (Hidcote) und Vita Sackville-West (Sissinghurst) beherrschten den Umgang mit Pflanzen, Blumen und Gartenräumen. Was sie gestalteten, wurde zum Maßstab und hat Generationen von Gärtnern und Gartenfans inspiriert.

Es gibt kaum etwas Schöneres als blühende Blumen. Sie sind fester Bestandteil der meisten Gärten und üben eine geradezu magische Anziehungskraft aus, der kaum jemand widerstehen kann. Die visuelle Kraft eines Blumengartens ist ein Höhepunkt gestalterischer und gärtnerischer Leistung. Solche Gärten entstehen natürlich kaum durch Zufall. Auch Können, Geduld und viel Arbeit bieten keine Garantie dafür, dass ein Blumengarten gelingen wird. Es sind nicht die Blumen allein, die einen Garten zu etwas Besonderem machen, sondern das gewisse Etwas, der Stil, in dem die Pflanzen arrangiert werden, der bewundernswerte Prachtgärten auszeichnet.

Ein Blumengarten kann ganz unterschiedliche Formen annehmen: von der Oppulenz eines Rosengartens, der malerischen Qualität einer englischen Prachtrabatte, der selbstverständlichen Schönheit einer naturnahen Wiese bis hin zu der lässigen Fülle eines Country-Gartens oder der Dynamik von modernen standortgerechten Pflanzungen. Gegliedert nach Stilrichtungen soll dieses Buch Ihnen helfen, den für Sie richtigen Blumengarten zu finden. Denn es gibt für jeden einen Blumentraum, der zu ihm passt.

Ein Blick hinter die Kulissen

Im garten- und blumenreichen England zu wohnen ist gleichzeitig ein Privilig und eine Entmutiging. Ich fühle mich privilegiert, dass ich so viele wunderschöne und exemplarische Gärten genießen darf, vom Enthusiasmus leidenschaftlicher Gärtner angesteckt werde und von den Vorteilen des feuchtmilden maritimen Klimas profitiere. Hinter der Euphorie sehe ich aber auch die etwas entmutigende, jedoch erfrischende Realität: nämlich die Feststellung, wie viel Arbeit und Hingabe, aber auch Wissen notwendig sind, um den ultimativen Blumengarten zu schaffen. Blumen wachsen zwar von ganz alleine, aber sie zu pflegen und so zu komponieren, dass sie ein harmonisches Bild ergeben, ist eine ganz andere Sache. Hier gibt es keine Winkelzüge, nur wenige kleine Tricks und keine schnellen Lösungen, denn die Realität des Blumengartens ist harte Arbeit, erfordert Zeit und eine positive Einstellung. Gärten sind eben eine Passion.

Wie jeder Gartendesigner und Gärtner aus eigener Erfahrung weiß, ist nichts im Garten so, wie es aussieht. Der lässige, spontane, fast schlichte Charakter des ländlichen Gartens ist das Ergebnis langjähriger fleißiger Gartenarbeit und auch eine Portion Glück. Eine scheinbar natürliche Wiese im Garten ist eine gezielte »Instrumentierung« der Natur, die Jahre braucht, um sich zu entfalten und zu etablieren. Die harmonische Farbkombination einer Prachtrabatte beruht auf einem Fundus an Erfahrung, Wissen und Beobachtung, wobei jede farbliche Unstimmigkeit korrigiert werden muss. Den Garten so zu gestalten, dass er ein scheinbar ununterbroches Angebot an Höhepunkten und Farben bietet, passiert weder durch Zufall noch durch Zauberei. Was hinter den Kulissen passiert, ist auf den ersten Blick nicht sichtbar.

Blumengärten sind einfach romantisch. Sie strahlen Schönheit und etwas Magisches aus, erwecken positive Gefühle und schöne Erinnerungen. Gute Gärten führen den Besucher in ein anderes Reich – in eine Welt, bestimmt durch Farben, Formen und Duft, weit entfernt vom Alltag. Egal wie groß oder klein der eigene Garten ist, einen Teil dieser Welt möchte man für sich selbst erschaffen.
In solch einem Garten ist nicht nur der Betrachter, sondern auch Gärtner glücklich: umgeben von Kletterrosen 'Dorothy Perkins' und 'Gardener's Pink', der Rasenweg flankiert von Katzenminze *Nepeta* x *faassenii* 'Six Hills Giant' (gut und robust gegen Katzen, die mit Vorliebe dazwischen schlafen) abwechselnd mit Frauenmantel *Alchemilla mollis*.

Das Ziel ist, den Betrachter zu bezaubern

Die höchste Ehre für einen Gärtner ist, wenn sein Garten Bewunderung erntet und andere zur Nachahmung anregt. Wer immer sich mit Gärten befasst und Freude daran hat, wird beim Anblick einer gelungenen Komposition staunend davor stehen, egal ob es sich um ein liebevoll gestaltetes Beet oder eine spektakuläre Rabatte handelt, denn beide zelebrieren Blumen auf ihre eigene Art. In solchen Gärten fließt ein Höhepunkt in den nächsten, in ein scheinbar nicht enden wollendes Crescendo der Farben.

Dabei spielt es keine Rolle, ob die Schattierungen elegant und diszipliniert zurückgenommen sind oder Farbe und Duft zu einer schier ungestümen Wildheit verschmelzen – was zählt ist die Wirkung auf den Betrachter, denn solche Gärten bieten

1
2
3
5
6
7
8
9

Gärtner und Gartenliebhaber sind strenge Kritiker, daher stelle ich nicht ohne Bedenken meinen eigenen Garten vor. Er wird oft vernachlässigt, muss mit längerer Abwesenheit auskommen und trotzdem als Arbeits-, Freizeit- und sogar Schaugarten dienen.

1 Die meisten Pflanzkombinationen wurden unter dem Aspekt langanhaltender Blüte und Farbzusammenspiel konzipiert. *Salvia officinalis* 'Purpurascens' mit Wolfsmilch, *Euphorbia characias* ssp. *characias*.

2 Oft mehr aus Zufall denn aus Absicht verwandelt sich der Rasen, wenn er länger als 10 Tage nicht geschnitten wird, in einen Blumenrasen – im späten Frühling gesprenkelt mit Gänseblümchen, im Sommer bedeckt mit Kriechgünsel.

3 Wie William Robinson vor 100 Jahren, werde ich immer wieder von den Wildstauden am Wegrand inspiriert, hier ein »weißer Garten« aus der Natur mit Bärlauch, *Allium ursinum* und Acker-Hornkraut, *Cerastium arvense*.

4 Purpur und Rot sind Leitfarben des frühsommerlichen Gartens, gefolgt von Gelb und Pink.

5 Ich habe eine Vorliebe für Pflanzen mit farbigen Fruchtständen wie Beeren oder Hagebutten, denn sie sind wichtige Farb- und Formträger bis tief in den Winter hinein .

6 Gärten sollen auch für die Familie da sein. Ein Start mit Blumen in der Kindheit legt das Fundament für lebenslange Freude.

7 Ein Bezug zwischen Umgebung und Garten ist wichtig. Die Apfelblüten sind zauberhaft und bringen einen Hauch der Somerset-Landschaft in den Garten hinein.

8 Ein mächtiger Buchsbaum, geformt wie ein Vogel, im Wintermantel.

9 Tulpen sind meine Lieblingsblumen, je bunter und extravaganter, desto besser. Hier die lilienblütigen 'Ballerina' und 'Princess Irene'.

ein erhebendes und zugleich inspirierendes Bild. Dass bewährte Pflanzenlieblinge ebenso ein Refugium finden wie Neueinführungen, und zarte Gewächse Schutz vor unbändig starkwüchsigen Arten genießen, ist allein der einfühlsamen Hand des Gärtners zu verdanken.

Einfach ausgedrückt, sind Gärten Parkplätze für Pflanzen – Orte, die sich allein durch ihr spezifisches Arrangement und Erscheinungsbild unterscheiden.

Garten als Lifestyle?

Jedes Gespräch über Gartenstile läuft früher oder später auf die Frage hinaus, was in England geschieht – kein Wunder also, dass sich alle Augen auf die Insel richten, um nach Inspirationen zu suchen. Der allseits beliebte und bewunderte klassische englische Blumengarten ist wesentlicher Teil der allgemeinen Gartenkultur: ein Stil, der weltweit kopiert wird, ob er sich dort einfügt oder nicht.

Neuerdings haben Gartenschauen geradezu Kultstatus erlangt, zu denen Gartenenthusiasten mit hoch gespannten Erwartungen pilgern und sich Aufschluss über die neuesten Trends erwarten. Wie wird der Blumengarten der Zukunft aussehen? Ob sich der für das neue Millennium typische minimalistische Gestaltungstil durchsetzen kann? Mit seinen streng abgegrenzten Linien, Blattpflanzen und Strukturen reduziert er die Blume auf ihre dekorative Wirkung und somit auf die Rolle eines schmückenden Attributs, das als Ergänzung zum Arrangement und sparsam wie ein Juwel eingesetzt wird.

Diese Gärten wirken mit ihren disziplinierten Konturen und den klar definierten Räumen so gestylt, dass man sie als die hochgezüchteten Pudel der Gartenwelt bezeichnen könnte. Dynamisch-klare Linien, architektonisch wirkende Gewächse und Hightech-Installationen sind typische Markenzeichen dieses Stils, der zurzeit über die Medien verbreitet wird. All diese Komponenten mögen durchaus interessant sein, werden aber nicht unbedingt zu einem gelungenen Garten führen.

In unserer sich so schnell verändernden modernen Welt dauert es viel zu lange, bis Pflanzen wachsen und miteinander verschmelzen. Wer hat noch Zeit zum Verlegen eines gelungenen Pflasters und wer macht sich noch die Mühe, die zahlreichen Pflanzenarten zu erkunden? Gärten werden als Fertigprodukte gehandelt, als preiswerter Spaß angepriesen und für kurze Zeit als Vergnügen betrachtet, um dann allzu bald vollkommen zu verwahrlosen.

In Wirklichkeit verdienen Gärten eine ganz andere Wertschätzung. Gewiss, ein Garten kann auch ein Experimentierfeld darstellen, und neue Ideen sind durchaus willkommen – allerdings nicht zu derart hohen Preisen, zumal die Blume allenfalls noch als symbolische Nebensache auftreten darf. Aber sollten wir uns auf der Suche nach einer Neuinterpretation des Blumengartens wieder der Vergangenheit zuwenden oder die klassischen Gartenstile gar neu erfinden? Die Antwort ist oft sehr viel einfacher.

Nie waren die Verbindungen zwischen »Lifestyle« und Garten ausgeprägter als heute. Es ist in der Tat unser Lebensstil, der unser Verhältnis zum Garten bestimmt, und den Wert, den wir Blumen und der Pflanzenwelt im Allgemeinen beimessen. Kaum eine Tätigkeit ist dem Menschen so zu Eigen wie der Umgang mit Erde und Pflanzen. Das Bedürfnis, Pflanzen aufzuziehen und zu versorgen, ist in jedem von uns angelegt, auch wenn es bei Menschen, die seit Jahren in der Stadt wohnen, etwas verschüttet sein mag. In unserer hoch technisierten Welt fällt es zwar zunehmend schwerer, an den ländlichen Wurzeln festzuhalten, aber oft bedarf es nur einer entsprechenden Gelegenheit, und schon entfliehen wir dem städtischen Chaos, um sie, umgeben von üppigem Grün, wiederzuentdecken. An welchem Ort aber könnten wir dies besser als im eigenen Garten, umgeben von Blumen?

Refugium und Herausforderung

Für Menschen, die in der Stadt leben, symbolisiert der ländliche Garten mit seiner überbordenden Farbenpracht den Inbegriff eines Refugiums, das Harmonie und Frieden ausstrahlt und somit zum Spiegel der Sehnsüchte unserer Zeit wird. Wie anders könnte man sich die neuerliche Faszination von Wildblumenwiesen erklären? Die meisten Gärtner begrüßen die Herausforderung, eine gewisse Ordnung in das Chaos zu bringen. Dennoch wird auch der eifrigste Gärtner davon absehen, alles unter Kontrolle halten zu wollen. Einige der Pflanzen, die sich jeder Ordnung widersetzen, wie etwa Königskerze, Fingerhut und Akelei, folgen eigenen Gesetzen, indem sie sich nach Belieben aussäen und verbreiten. Eigenwillige Ranken von der Kletterrose bis zur Clematis versuchen wie freche kleine Kinder immer einen anderen Kurs einzuschlagen als den vorgegebenen.

Das Geheimnis besteht darin zu wissen, wie weit man eingreifen darf, ohne den Zauber des Orts zu zerstören, und wie weit man den Pflanzen innerhalb der von Ihnen, dem Gärtner gesetzten Grenzen ihren eigenen Willen lassen kann. Letztlich ist es einerseits Erfahrung und andererseits Einfühlungsvermögen, was die hübschen Gärten von den einzigartigen Gärten unterscheidet.

Blumengärten stellen eine Herausforderung für den Gartenliebhaber dar. Hier hat er die Chance, seine gärtnerischen Fähigkeiten zu erproben und dem Garten ein individuelles und kreatives Gesicht zu verleihen.

Der Beitrag, den Gärtnereien und Baumschulen für die Gestaltung des Gartens leisten, wird häufig viel zu wenig beachtet. Aber ohne die Züchter und Pflanzensammler wären unsere Gärten um vieles ärmer. In unserer auf Supermärkte und Gartencenter orientierten Welt wird leicht vergessen, was diese Pioniere und Wegbereiter des gärtnerischen Fortschritts alles geleistet haben. Wir können unsere Blumenbeete nicht allein mit am Fließband vermehrten importierten Pflanzen bestücken. Was wir brauchen, um bemerkenswerte Blumengärten zu schaffen, sind Vielfalt, Qualität und Kenntnisse, wie sie nur eine Spezialgärtnerei liefern kann.

Zu den schönsten Blumengärten gehören die aus Gärtnereien hervorgegangenen Sichtungsgärten, die die Pflanzen unter optimalen Standortbedingungen und kombiniert mit entsprechenden Partnern in einem bewundernswert harmonischen und faszinierenden Kontext präsentieren. Piet Oudolf in den Niederlanden, Nori und Sandra Pope in Hadspen Gardens in Somerset, Beth Chatto in Sussex und Anja Maubach in Wuppertal – sie alle haben auf der Basis traditioneller gärtnerischer Kunst beispielhafte Blumengärten geschaffen.

Wie ein wertvolles Gemälde, so erfüllen uns auch viele der berühmten Gärten mit Bewunderung und Freude. Dabei leistet jedes Land – heute genauso wie früher – seinen individuellen Beitrag zum Reichtum der Blumengärten. Während viele der renommierten Gärten der Öffentlichkeit zugänglich sind, werden private Gärten oft vor den neugierigen Blick von Besuchern geschützt und bleiben allein ihren Besitzern vorbehalten. Nur hin und wieder öffnen sich die Türen, um der Welt einen Eindruck von ihrer geheimen Schönheit zu geben.

Dem Traum folgen

Sosehr ich moderne Gärten auch bewundere, so habe ich mich doch immer nach einem typisch englischen Cottage-Garten gesehnt. In all den Jahren meiner Ausbildung im industriellen Norden zog es mich, wann immer ich es einrichten konnte, aufs Land. Ob in der lieblichen Gegend um Cheshire oder den goldenen Hügelketten des Cotswold, immer genoss ich das Bild praller und üppiger Vegetation. Überall sah ich mich von Blumen umgeben, die die Wegränder säumten, aus engen Vorgärten quollen oder über hohe Gartenmauern kletterten.

Mit solchen Bildern groß geworden, stand für mich unverbrüchlich fest, dass ich versuchen würde, meinen Traum von einem eigenen kleinen Paradies zu verwirklichen. Auch wenn es ein beträchtliches Maß an Arbeit erfordert, so freue ich mich immer wieder an der Kletterrose, die sich um meine Haustür rankt, an dem überbordend wilden Blumenbeet im Vorgarten, das von einer Buchshecke im Zaum gehalten wird, an der weich fließenden Staudenrabatte, den knorrigen und allmählich von Kletterrosen überwucherten Apfelbäumen und meinem kleinen Formschnittgarten.

All dies lag unter einer dichten Decke aus Gestrüpp und Winden und wartete darauf, aus dem Dornröschenschlaf geweckt zu werden. Zwei Gartenjahre sollten verstreichen und mehrere Traktorladungen abgefahren werden, bis die Pflanzen nach gründlichem Auslichten, sorgfältigem Säubern und Umsetzen wieder atmen konnten und der Garten zu neuem Leben erwachte. Kein theoretischer Lehrgang wird Sie auf die körperliche Arbeit vorbereiten können, die zum Gärntern nun einmal gehört. Andererseits werden Sie keine bessere Gymnastik finden, denn Sie wenden und drehen sich, dehnen Ihre Glieder, heben Gewichte, straffen Muskeln und verbrennen Fett – kein Wunder also, dass Gärtner in der Regel drahtig und schlank sind.

Dabei können wir im Garten immer nur dazulernen: Warum Pflanzen geheimnisvoll verschwinden, während andere gedeihen und einige sogar wie von Zauberhand unangekündigt erscheinen, um uns zu überraschen und zu erfreuen. Oder auf welche Weise sich so aufdringliche Gesellen wie Immergrün *(Vinca major)* und die Scheinaster *(Boltonia asteroides)* – wahre Plagen in meinem Garten – eindämmen lassen und wie ich die zarteren und empfindlicheren Arten durch besondere Zuwendung am besten fördern kann. All dies lernt man mit wachsender Erfahrung.

Pflegeanleitungen und Tipps sind durchaus hilfreich, doch am Ende zählt nur, inwieweit Sie Ihren Garten kennen und wissen, was am besten wächst und am schönsten aussieht.

Was zunächst als einfache Übung beginnt und sich vor allem mit der Frage befasst, wie Blumen im Garten am dekorativsten zur Geltung kommen, entwickelt sich bald zu einer Reise, die zurück zu den Wurzeln allen Gärtnerns führt. Gärtnern als Passion! Was sonst könnte uns bei Wind und Wetter aus dem Haus locken, einen schmerzenden Rücken und Blasen an den Hände vergessen lassen, als die Sorge um die uns anvertrauten Schützlinge und die Vision, die wir von unserem Garten vor Augen haben. Es ist diese bedingungslose Hingabe, die besondere Gärten entstehen lässt und die mit einzigartiger Schönheit belohnt wird.

Blumen besitzen eine besondere Ästhetik. Manchmal entdeckt man Kombinationen von so atemberaubenden Qualität und Schönheit, dass man nur staunen kann. Solche Bilder sind vergänglich und nur für den Augenblick bestimmt, doch wenn dann ein Fotograf, hier Andrew Lawson, diesen Moment einfängt und festhält, können wir ihn eine Ewigkeit genießen: Kaltstahlblaue Kugeln der Edeldistel, *Eryngium* x *tripartitum,* gegen den brillianten roten Kerzenknöterich, *Persicaria amplexicaulis* 'Firetail', fotografiert in Piet Oudolfs Garten in den Niederlanden.

(Nächste Doppelseite)
Manches im Blumengarten ist subtil, manches plakativ, manches ist nur vorübergehend und manches langanhaltend. Nach einem langen, oft farblosen Winter werden die Frühlingsblüher mit Sehnsucht erwartet: Osterglocken, Leberblümchen, Alpenveilchen und Primeln. Ein Teppich aus Alpenveilchen, *Cyclamen repandum,* durchsprenkelt mit kleinen Narzissen und Wiesen-Schüsselblumen, *Primula vulgaris,* bildet einen Höhepunkt im Frühlingsgarten.
Bei der Wahl von Arten für Verwilderungszwecke sollten stets die örtlichen Verhältnisse in Betracht gezogen werden. Heimische Arten sind den oft aggressiven gärtnerischen Sorten vorzuziehen. Aus dem Beispiel der in England heimischen 'Bluebells', *Hyacinthoides non-scripta,* kann man lernen. Sie wurden von den robusten spanischen *Hyacinthoides-hispanica*-Sorten teilweise aus ihrem natürlichen Standort verdrängt.

Welcher Stil für welchen Garten?

Leitlinien und Grundsätzliches

Gärten sind nicht für uns alleine da. Die Anziehungskraft von Blumen reicht weit über das menschliche Vergnügen hinaus. Sie sind ein wichtiger Teil des Naturhaushalts. *Phlomis*, das Brandkraut, zieht so viele Insekten an, dass meine Tochter, nachdem sie gezählt hat wie viele Käfer, Schmetterlinge und Bienen um und im *Phlomis fruticosa* herumschwirren und leben, den Halbstrauch als »Insektenpflanze« umgetauft hat. Auch die winterhärteren Arten, wie hier *Phlomis tuberosa* oder der gelbblühende *Phlomis russeliana* mit seinen Elefantenohren-großen Blättern sind in »Country«-Gärten und Prachtbeeten präsent und wichtiger Bestandteil der modernen, dynamischen Staudenpflanzungen.

Warum sprechen uns manche Blumengärten mehr an als andere? Wie können Sie sicher sein, dass der Gartenstil, den Sie sich vorstellen, tatsächlich zu Ihrem Haus, dem Standort, dem Klima und Ihrem Leben passt? Oder vielleicht haben Sie überhaupt noch keine konkrete Vorstellung, sondern nur den innigen Wunsch, sich mit Blumen zu umgeben?

Mithilfe von einfachen und klaren Leitlinien können Sie entscheiden, was am besten Ihrem Lebensstil und den örtlichen Gegebenheiten entspricht. Dabei geht es nicht nur um die Frage, was man möchte, sondern um das, was möglich und realisierbar ist. Da Fehlentscheidungen teuer und Zeit raubend sind, sollten ungeeignete Wünsche möglichst bereits in der Überlegungsphase ausgemustert werden.

Lassen Sie sich nicht von der Verführungskraft einer einzelnen Pflanze zu unüberlegten Schritten verleiten. Genausowenig wie wir uns zum Kauf eines Kleidungsstücks vom Stoff allein hinreißen lassen dürfen, sollte die Ausrichtung eines Gartens nie allein von einer bestimmten Pflanze diktiert werden.

Ein Schritt nach dem anderen

Was ist ein wunderschöner Blumengarten? Ein penibel gepflegtes und sorgfältig komponiertes Schaustück oder ein wildromantischer Garten? Die Antwort auf diese Frage dürfte für die meisten irgendwo dazwischen liegen. Der schier unüberschaubaren Anzahl an Vorbildern weltweit ist es zu verdanken, dass jeder seine eigene Vorstellung vom idealen Blumengarten hat. Sie kommt einer Vision gleich, die man so lange mit sich herum getragen hat, dass sie fast schon real erscheint. Das Einzige, was noch fehlt, ist der Garten, um diese Vision zu verwirklichen.

Was aber, wenn keine bestimmten Vorlieben erkennbar sind, lediglich der alles einschließende Wunsch nach Blumen? Bevor Sie lange herumprobieren, was Zeit, Nerven und Geld kostet, empfiehlt es sich, anhand von generellen Kriterien die Auswahl einzuschränken und zu sondieren, welcher Stil Ihnen und dem Standort am ehesten entspricht.

Generell gilt, dass der Garten erst nach dem Haus an der Reihe ist. Wenn die Bauphase abgeschlossen und das Haus eingerichtet ist, erhebt sich die Frage, wie ein entsprechender Garten aussehen könnte. Viel zu oft wird nach Lösungen gesucht, die möglichst preisgünstig, über Nacht fertig und pflegeleicht sein sollen und dennoch die hochfliegenden Blütenträume des Besitzers befriedigen. Jeder, der beruflich mit Gärten zu tun hat, weiß, dass dies schlichtweg unmöglich ist.

Aus diesem Grund ist vor allem eine gute Portion Realitätssinn erforderlich, um einen schönen Garten zu schaffen.

Architektur und Garten ergeben ein Gesamtbild

Eine der goldenen Regeln der Gartenplanung heißt, über die Pflanzen hinaus den Garten als Ganzes zu betrachten. Nicht nur Neulinge sondern auch erfahrene Gartenliebhaber profitieren von dieser Maxime. Wer sich mit Pflanzen auskennt, mag versucht sein, den Garten um seine Lieblingspflanzen herum aufzubauen, und Stunden damit verbringen, eine Auswahl zu treffen, nur um von der Gesamtwirkung schließlich doch enttäuscht zu sein. Wer stückchenweise vorgeht und sich auf halbem Weg wieder anders besinnt, bringt sich um jedes Erfolgserlebnis. Aus diesem Grund stellt ein gut durchdachter Plan eine wichtige Voraussetzung für einen gelungenen Garten dar.

Mancher Versuch, eine bunte Blumenpracht zu gestalten, scheitert einfach daran, dass man von einzelnen Pflanzen und nicht vom Gesamtbild gesteuert wurde.

Einen Garten betrachtet man selten isoliert, denn die Umgebung beeinflusst unsere Wahrnehmung und Freude daran. Ist sie gleichsam als Kulisse entsprechend einfühlsam integriert, kann sie die Wirkung des Gartens enorm steigern. Eine mit Blumen übersäte Almwiese wird im Alpenvorland den Garten mit der Landschaft verbinden, das Dorf im Hintergrund eines Bauerngartens den Charakter des Orts unterstreichen, eine klassische Staudenrabatte die Eleganz einer Gründerzeit-Villa hervorheben und das sanft wogende Bild einer modernen dynamischen Bepflanzung beeindruckende Kontraste zu den streng architektonischen Linien moderner Wohnhäuser bilden.

Die Architektur des Hauses spielt hinsichtlich der Stilfrage oft eine ganz wesentliche Rolle. Das kann soweit gehen, dass eine dominierende Architektur die Gestaltung geradezu vorgibt und kaum Raum für persönliche Vorlieben lässt. Wogegen neutrale, weniger aufregende Gebäude, einer weißen Leinwand gleich, der Fantasie kaum Grenzen setzen. Wenn sich die baulichen Strukturen dezent im Hintergrund halten, ist es Sache des Gartens, einen optischen Akzent zu setzen. Entscheidend ist immer, eine gelungene Ausgewogenheit anzustreben und überladene Gestaltungen zu vermeiden.

Gärten sind Orte des Wandels

Gärten sind nichts Statisches – mit dem Wachstum der Pflanzen verändert sich auch das Bild des Gartens. Die einst so zarten kleinen Sträucher verwandeln sich in wahre Ungeheuer, die umfangreichen Laubdächer der Bäume behindern den Lichteinfall so stark, dass vormals von Sonne überflutete Flecken zu Schattenbereichen werden. Einige Pflanzen werden von starkwüchsigeren Arten verdrängt, während kurzlebige nach Ersatz verlangen, wenn ihre Zeit vorüber ist. Der Verlust einer Leitpflanze kann den Gesamteindruck entscheidend verändern und weitreichende Umpflanzungen nach sich ziehen.

Uns bleibt nichts übrig, als dem Wandel des Gartens zu folgen und Fehlentwicklungen durch stetigen Ausgleich zu verhüten.

Es erfordert Zeit und Geduld, bis Blumenbeete und Wiesen sich etabliert haben. Die einjährige Blumenwiese ist zwar eine schnelle Lösung, die uns innerhalb einer Saison mit ihrem bunten Flor erfreut, bevor sie wieder verschwindet. Auch dichte Blumenteppiche sorgen sozusagen über Nacht für Farbe. Dennoch würde mich keines dieser Patentrezepte befriedigen.

Abgesehen vom Wandel der Natur sind es auch eigene Entscheidungen, die Veränderungen im Garten mit sich bringen. Mit dem Kauf einer Neuzüchtung bricht oft eine Art Gartenmanie aus, die in der totalen Umgestaltung eines Beets gipfeln kann, nur um die neue Errungenschaft einzugliedern. Mit den Jahren ändern sich aber auch unsere Vorlieben, und was einst unser ganzer Stolz war, erscheint uns urplötzlich langweilig und überholt. Familiäre Veränderungen ergeben sich, wenn

1

2

3

4

Haus und Garten sind eine Einheit. Das eine bildet die Kulisse für das andere, und in den heute immer enger werdenden Gärten sind passende, harmonisch gestaltete Verbindungen gefragt. Der Art des Blumengartens sollte man ebensoviel Aufmerksamkeit schenken wie dem Interieur.

1 Der lässige Cottage-Garten mit der bedachten Farbpalette nimmt das ländliche Element auf und ist ein passendes Umfeld zu dem modernen Landhaus.

2 Die klaren Konturen der Mauer und des Weges und die zarte modische Beleuchtung definieren den zeitgenössischen, urbanen Stadtgarten. Man ahnt die Architektur des Wohnhauses aus Glas, Stahl und Naturstein. Dazu ein Blumengarten für den modernen mobilen Berufstätigen, bestückt mit Trendpflanzen wie *Allium* 'Purple Sensation', Tulpen und Lavendel.

3 Eine Villa – gediegen und von einer gewissen gutbürgerlichen Qualität – ist der Traum von vielen. Für solch ein Haus sind Rosen und Prachtrabatten oder, auf eher sauren Boden im Norden, ein Rhododendronpark, ein Muss.

4 Neutrale, schlichte Architektur ist wie ein leeres Blatt: Hier ist alles möglich, von einfachen, klassischen Buchs-umrahmten Blumenbeeten bis zu mehr extravaganten Lösungen.

Vergessen Sie bei allen Überlegungen nie die Gegebenheiten des Ortes mit einzubeziehen. Während es sich auf dem Land anbietet, den Garten zu öffnen und die Umgebung hineinzuholen (**1**), möchte man sich in der Stadt eher abschirmen und nach innen schauen (**2**).

die Kinder allmählich erwachsen werden und aus dem Haus gehen. Wo sich einst Sandkästen und Schaukeln fanden, ist nun Platz für Teiche und Kletterpflanzen. Und da wir selbst auch älter und unbeweglicher werden, müssen die mit viel Arbeit verbundenen Staudenrabatten irgendwann einer genügsameren Bepflanzung weichen. All diese Faktoren gilt es in Betracht zu ziehen.

Umgebung und Lage des Gartens setzen Grenzen

Schütteln Sie ab, was Sie an vorgefassten Ideen im Kopf haben, und versuchen Sie als Erstes mit Ihrem Garten vertraut zu werden. Erkunden Sie den Boden und die vorherrschenden klimatischen Bedingungen, und nutzen Sie die in Ihrem Garten und der Umgebung vorhandene Vegetation, um Aufschluss darüber zu gewinnen, was hier gedeiht.

Der Schlüssel zu einem schönen, üppig blühenden Garten ist die gründliche Kenntnis der vorliegenden Gegebenheiten.

Jede Pflanze bevorzugt bestimmte Wachstumsbedingungen; sobald diese vom Ideal zu stark abweichen, reagiert die Pflanze mit kleineren und spärlicheren Blüten, gedrungenerem Wuchs und einem insgesamt »unglücklichen« Erscheinungsbild. Wenn Sie sich kräftige Pflanzen und reichen Blütenflor wünschen, dann bewährt es sich, die Wahl der Pflanzen auf den Standort abzustimmen. Obwohl sich viele Pflanzen als anpassungsfähig erweisen, werden sie nur bis zu einem gewissen Grad mit Bedingungen zurechtkommen, die alles andere als günstig sind. Es ist eine Gewissensfrage zu entscheiden, wie weit man gehen darf. Man sollte jedenfalls nie versuchen, Pflanzen in einen Boden zu setzen, der ihren Bedürfnissen absolut nicht entspricht.

Die Frage, welcher Gartentyp in Betracht kommt, lässt sich am einfachsten entscheiden, wenn man sich an Lage und Umgebung orientiert.

Zunächst gilt es festzustellen, ob es sich um einen in die Landschaft eingebetteten Garten oder einen Garten am Dorfrand, eine Oase im Vorort einer Großstadt oder einen Innenstadtgarten handelt. Jeder Bereich zeichnet sich durch spezifische Attribute und Einschränkungen aus. In einer ländlichen Umgebung scheint sich ein Cottage-Garten geradezu anzubieten, doch ist hier theoretisch jede Art von Blumengarten möglich. Die Gärten sind hier generell größer und bieten mehr Raum für Experimente. Der Gartenliebhaber, der mit einem kleinen Bereich beginnt, erweitert diesen bald und erschließt sich peu à peu mehrere Gartenräume, oft in unterschiedlichen Stilrichtungen. Viele der berühmten Blumengärten Englands, wie Hidcote Manor und Sissinghurst Castle, beide eingebettet in die umgebende Landschaft, sind auf diese Weise entstanden.

Vororte sind Ergebnisse des Städtebaus und haben daher zwangsläufig wenig Bezug zur Natur, sodass das Erscheinungsbild dieser Gärten ganz bei uns liegt. Die einzigen Einschränkungen, die es hier gibt, betreffen Grundstücksgröße, Licht und Vorstellungskraft.

In einem von Mauern umgebenen Garten in der Stadt sind der Anlage eines Blumengartens zwangsläufig enge Grenzen gesetzt. Die Auswahl an Pflanzen, die hier gedeihen, wird allein schon dadurch beschnitten, dass die Gebäude rundum ständig Schatten werfen, und angesichts der Größe ohnehin keine weitläufigen, spektakulären Blumenrabatten geschaffen werden können. Die meisten Pflanzen aber, die ein typisches Blumenbeet bevölkern, sind nun mal Sonnenliebhaber. Treffen Sie vernünftige Entscheidungen und hängen Sie Ihr Herz nicht an unrealistische Ideen. Nichts sieht schlimmer aus als kümmerliche Pflanzen.

In jedem Garten gibt es sonnige und schattige Bereiche: Derjenige, der weiß, welche Pflanze wo am besten gedeiht, ist auf dem richtigen Weg zum Erfolg.

Süd- und Südwestlagen sind wie geschaffen für Blumenrabatten, doch auch Ost- und Südostlagen sind noch geeignet. Achten Sie auch auf Faktoren von außen, an denen sich nichts ändern lässt, wie etwa den Schatten, den angrenzende Gebäude und Bäume werfen. Wo das Gelände ganztags im Schatten liegt, wird man kaum mit einem Traumgarten rechnen dürfen. Bedenken Sie dies bereits, bevor Sie sich zum Kauf eines Grundstücks entschließen.

Nutzen Sie immer die Vorteile der Umgebung aus. Wer schon so einen Hintergrund hat, ist bereits auf dem besten Weg, den Traumblumengarten zu realisieren. Die Kulisse allein reicht aber nicht aus, Blumen benötigen auch einen Rahmen, der zum Stil passt: Hier ein kleiner runder Platz, umgeben von Säulenbuchsbäumen. Der Mittelpunkt ist durch einen alten Topf betont, dicht bepflanzt mit einjährigen Blumen und Stauden. Kosmeen, Salbei, Dahlien, Frauenmantel, Schlafmohn, Lichtnelke, Schleier-Verbene und vieles mehr bestücken die Beete in einem lockeren, sympathischen Durcheinander.

Klimatische Bedingungen nicht außer Acht lassen

Während wir uns im Winter warm einpacken und im Sommer so leicht wie möglich bekleiden können, vergessen wir oft, dass Pflanzen kaum über zusätzlichen Schutz verfügen, um auf Extreme, wie sie das Klima in Deutschland und Österreich mit sich bringt, zu reagieren. Längere kalte Winter und heiße Trockenperioden im Sommer schränken die Auswahl an Pflanzen ein. Gewiss, der ausbleibende Regen lässt sich durch Wässern ausgleichen, aber dem Bodenfrost kann man nichts entgegensetzen. Von daher kommen für den Blumengarten hierzulande nur winterharte und Trockenheit vertragende Arten in Frage.

Die herrlichen Gärten Englands profitieren von einem feuchtmilden mediterranen Klima mit kurzen Wintern, in denen es kaum einmal Bodenfrost gibt und nur hin und wieder etwas Schnee fällt. Die Kombination von Feuchtigkeit, gemäßigten Temperaturen und einer relativ langen Wachstumsperiode bietet denjenigen Arten ideale Bedingungen, die für den englischen Blumengarten so typisch sind. Angesichts des raueren kontinentalen Klimas können diese Arten nicht einfach übernommen werden, und so heißt es vor allem auf die empfind-

licheren und immergrünen Pflanzen Acht zu geben, die sonst kaum eine Überlebenschance haben.

Doch nicht allein das Klima, auch die Höhenlage eines Ortes ist entscheidend. Die meisten Gärten in England befinden sich zwischen Meereshöhe und 150 Meter über dem Meer. Gärtnern in München, auf einer Höhe von 530 Metern, würde in England bereits unter die Kategorie »Gärtnern in Hochlagen« fallen. Während einige Pflanzen mit der Höhe zu kämpfen haben, gibt es sehr viele, die angepasst sind und unter solchen Bedingungen gedeihen. »Standortgerechte Pflanzung« nennt sich, worin Experten die Zukunft des Gärtnerns sehen. Das bedeutet, die Arten nicht nur so auszuwählen, dass die Gegebenheiten von Boden, Klima und Licht zu ihnen passen, sondern sie auch in einer Art und Weise anzupflanzen, die sich an ihrem natürlichen Standort orientiert.

Manche Blumengärten brauchen Platz

Blumenwiesen benötigen Raum, um zur Geltung zu kommen – mindestens 100 Quadratmeter Fläche sind erforderlich, um den Blick darüber schweifen zu lassen und ihre »teppichartige« Wirkung zu genießen. Beete im kontinentalen Stil sind nur denkbar, wo das Gelände so großzügig bemessen ist, dass die verschiedenen Pflanzblöcke ihre Dramatik entfalten können. Beides ist unter den beschränkten räumlichen Gegebenheiten innerhalb der Stadt und in durchschnittlich großen Gärten kaum möglich. Eine Staudenrabatte sollte mindestens 3 Meter breit (4 bis 5 Meter sind ideal) und nach Möglichkeit über 10 Meter lang sein.

Um die Größenansprüche ein wenig herunterzuschrauben: Der Cottage-Garten ist eher eine Frage des Stils als der Größe, vermag er doch jeden Bereich zu füllen, vom schmalen Streifen bis zu einem großzügig geschnittenen Garten. Bauerngärten sind traditionell quadratisch oder rechteckig und erstrecken sich kaum über große Flächen, denn sie spiegelten mit ihrer kleinen bis mittleren Größe wider, wieviel Zeit die Bäuerin ihrem Garten widmen konnte. Dagegen kann ein Rosengarten beliebig groß sein, von ausgedehnten, mit Buchs gesäumten Beeten bis zu ein paar Hochstämmchen in Töpfen. Und wie steht es mit den Miniaturvarianten, den üppigen Töpfen und Kästen auf dem Balkon, die auf kleinstem Raum eine Vielzahl an Blütenpflanzen darbieten? Sie mögen manchem als Notlösung erscheinen, bereiten Menschen in der Stadt mit ihrer dekorativ arrangierten Blumenvielfalt aber ebenso viel Freude wie anderen eine große Rabatte.

Blumengärten – die Hierarchie der Größen auf einen Blick:

Art des Blumengartens	optimale Größe
Blumenwiese	normalerweise größer als 100 Quadratmeter
Garten im kontinentalen Stil	mittelgroß bis groß
Rhododendron-Garten	mittelgroß bis groß
Rabatten (Prachtbeete)	mittelgroße bis lange Rabatten (3–8 Meter breit und über 10 Meter lang, in großen bis mittelgroßen Gärten
Bauerngarten	klein bis mittelgroß
Cottage-Garten	beliebig, von klein über mittelgroß bis groß
Rosengarten	beliebig, von klein über mittelgroß bis groß
Wiesenbeete	klein bis mittelgroß von 10 bis 150 Quadratmeter
Frühlingsgärten	beliebig, vom Blumentopf bis zum großen Garten

Der Boden als Medium des Wachstums

Der Art des Bodens bestimmt zwar nicht zwangsläufig die Art Ihres Blumengartens, doch er gibt weitgehend vor, welche Pflanzen hier gedeihen werden. Von daher ist eine grundlegende Voraussetzung des Gärtnerns, sich über die Beschaffenheit des Bodens im Klaren zu sein. Ein guter und gesunder Boden ist entscheidend für gesundes Wachstum, wobei manche Pflanzen für einen bestimmten Bodentyp besser geeignet sind als andere. Betrachten Sie sich die Gärten in der Nachbarschaft, um herauszufinden, welche Pflanzen sich auf Ihrem Boden wohlfühlen. Die vorhandene Vegetation ist der beste Indikator für den Bodentyp und das, was hier gedeiht.

Rhododendren bevorzugen einen sauren Boden, während sie auf alkalischem, lehmhaltigem Boden zu kämpfen haben. Grundsätzlich ist es immer besser, im Einklang mit den vorherrschenden Gegebenheiten zu arbeiten als sie mit Gewalt ändern zu wollen. Eine alpine Blumenwiese wird nur auf magerem alkalischem Boden gedeihen. Auf schwerem Tonboden haben die zarten Pflänzchen keine Chance sich durchzusetzen.

1

2

3

4

Ihr Blumengarten kann das sein, was Sie möchten, pflegeleicht und schlicht (**1**), traditionell (**2**), intensiv und lieblich (**3**) oder modern (**4**). Er kann ein Garten sein, der aus der Ferne betrachtet wird, wie die Prärie-artige Bepflanzung (**1**) oder ein Ort, in dem man sich gern aufhält (**3**), er kann weitläufig (**1**) oder kleinteilig (**2**) sein. Der Blumengarten kann Dauerwirkung (**1** und **4**) oder nur einen Jahreshöhepunkt haben (**2** und **3**).
Neben diesen Beispielen kommen auch die historischen Formen wie der Bauerngarten, die Blumenparterre und die klassischen Prachtrabatten infrage. All diese Gartenstile sind so unterschiedlich, dass jeder das Passende für sich finden kann.

Ziehen Sie eine Veränderung des Bodens gar nicht erst in Betracht. Ganz abgesehen davon, dass es der Umwelt schadet, handelt es sich um eine kostspielige und nur beschränkt erfolgreiche Aktion.

Natürliche Gartengestaltung wird stets von dem vorhandenen Boden ausgehen. Von daher würde es allen traditionellen Gartenpraktiken widersprechen, dort eine von Blüten übersäte Wiese etablieren zu wollen, wo dem Boden zunächst einmal sämtliche Nährstoffe und Bodenverbesserer entzogen werden müssten, um die entsprechend mageren Bedingungen zu schaffen. Der genaue Gegensatz ist die Staudenrabatte, deren Gelingen von einem gezielten Bodenverbesserungs- und Düngeprogramm abhängt. Sie stellt an den Boden so hohe Ansprüche, dass sich gesundes Wachstum und reicher Blütenflor überhaupt nur auf fruchtbarem Boden einstellen werden. Gärtnereien mit gutem Sortiment gruppieren Pflanzen entsprechend dem Bodentyp oder geben Hinweise auf ihre Bedürfnisse. Nutzen Sie diese Informationen und treffen Sie eine sorgfältige Auswahl.

Richten Sie Ihre Ambitionen nach der Zeit, die Sie haben

Sollten Sie keine Zeit haben, den Garten selbst anzulegen, dann beauftragen Sie einen Experten. Ein Landschaftsarchitekt kann eine umfangreiche Beratung zu jeder Phase der Gartenplanung geben, kann Kosten ermitteln, auf notwendige Baugenehmigungen hinweisen und die Ausführung organisieren und überwachen. Seien Sie realistisch, bei dem, was Sie anstreben, und beziehen Sie vor allem Ihren Lebenstil mit ein. Ein kleines exquisites Blumenbeet ist in jedem Fall einer vernachlässigten großen Fläche vorzuziehen.

Ein Garten ist eine Verpflichtung und verlangt wie ein Haustier Aufmerksamkeit. Die Vorstellung eines Blumengartens mit minimalem Aufwand ist ein Mythos.

Ein ganz entscheidender Punkt bei der Überlegung, welcher Blumengarten der richtige sein könnte, ist die verfügbare Zeit. Selbstverständlich kann man einen Gärtner anstellen oder einer Firma den Löwenanteil der anfallenden Arbeiten übertragen, aber wer kann sich diesen Luxus schon leisten? Abgesehen von den Kosten, genießt ein echter Gartenliebhaber den unmittelbaren Kontakt zum Boden mindestens ebenso sehr wie das Ergebnis seiner Arbeit. Von daher heißt es, sich ganz ehrlich darüber Rechenschaft zu geben, wie viel Zeit für den Garten wirklich da ist. Wer ganztags arbeitet, muss wissen, dass die Wochenenden verplant sind, falls er eine traditionelle englische Staudenrabatte ins Auge gefasst hat. Auch der Sommerurlaub muss auf den Garten abgestimmt werden, wobei sich letztlich die Frage stellt, warum man dann wegfahren sollte, wenn der Garten gerade am schönsten ist.

Für einen gelungenen Blumengarten genügt es eben nicht, ihn lediglich sachgemäß anzulegen, er erfordert vielmehr regelmäßige Zuwendung. Manche Blumengärten sind etwas pflegeleichter als andere; das betrifft zum Beispiel einen Garten im Prärie-Stil. Wo genügend Platz verfügbar ist und es zur Umgebung passt, könnte er eine vernünftige Alternative darstellen. Ist er erst einmal entsprechend bepflanzt und etabliert, erweist er sich praktisch als »Selbstläufer« und braucht in der Regel auch nicht gegossen zu werden. Auch ein Cottage- oder Bauerngarten wird, was die Pflege anbelangt, gelegentliche »Aussetzer« besser verkraften als eine Staudenrabatte. Allerdings ist bereits hier die Grenze zwischen etwas ungepflegt und verwahrlost rasch überschritten. Jäten gehört zu den Arbeiten, die niemandem erspart bleiben, insbesondere beim traditionellen Blumenbeet, wo es die Wurzelunkräuter zu fassen gilt, bevor sie sich ausbreiten und überhand nehmen – es hilft alles nichts, man muss sie selbst beim Schopf packen.

Stilrichtungen – von streng bis chaotisch

Die Schönheit eines Gartens liegt in seiner Individualität. Gärten sind Orte, die wir uns zu Eigen machen, indem wir aus der Fülle der Gestaltungsmöglichkeiten und Themen diejenigen auswählen, die unserem Lebensgefühl und unseren Vorstellungen am nächsten kommen.

Der Garten sollte, ebenso wie die Kleider, zu einem Menschen passen, denn nur dann fühlt man sich darin wohl.

Ein formaler Rosengarten dürfte sich kaum für eine Familie mit kleinen Kindern eignen, ebensowenig taugt eine Wildblumenwiese für Fußball spielende Jugendliche. Da es aber ein so breites Spektrum an Blumengärten gibt, dürfte es nicht schwer fallen, für jeden einen entsprechenden Stil zu finden, ob wir uns vom reizvoll vernachlässigten Charme eines Cottage-Gartens angesprochen fühlen, dem grandiosen Schwung und der Dynamik eines weitläufigen kontinentalen Gartens oder den feinstens aufeinander abgestimmten Farbakkorden von Rabatten, in denen sich ein charakteristisches Stück England und englischer Kultur spiegeln.

Mancher mutige und ehrgeizige Gärtner plant eine Blütenpracht für alle Jahreszeiten. Die Blüten ziehen mit den Jahreszeiten von einem Teil des Gartens zum anderen und setzen so einen unterschiedlichen Bereich ins Rampenlicht. Von den Frühlingsblühern unter den noch lichten Baumkronen zu den offenen Beeten der Sommer- und Herbstblumen, bis hin zu den Räritäten des Winters, wie Helleboren und Schneeglöckchen, die an geschützten Lieblingsplätzen gedeihen.

Wenn Sie sich die Bilder dieses Buches ansehen, werden Sie feststellen, dass dieselben Pflanzen in ganz unterschiedlichen Stilen auftreten. Standardpflanzen wie Phlox, Goldrute, Schaf-

Farben sind ein starkes Motiv, sich für eine bestimmte Art von Blumengarten zu entscheiden. Als Leitthema kann man eine einzelne Farbe auswählen, eine harmonische Komposition oder gewagte Farbspiele. Was zählt, ist dass Form und Farben der Blüten zur Geltung kommen. Während harmonische Pastelltöne ruhig und gelassen wirken, sind Dunkelrosa- bis Purpurtöne genau das Gegenteil: kräftig, leuchtend und dominant.

1 Magenta und zartes Pink sind beliebte Kombinationen, hier *Geranium psilostemon* und die zweijährige Marien-Glockenblume, *Campanula medium.*

2 Ton in Ton: Ehrenpreis, *Veronica spicata* 'Ellen Mae', mit *Viola* 'Sticky Wicket Sämlinger'.

3 Blaue *Geranium pratense*-Hybride 'Johnson's Blue' und pink *Rosa* x *oderata* 'Pallida', fotografiert im September bei der zweiten Blüte.

4 Subtile Kontraste: verblühter Salbei, neben Lampenputzergras, *Pennisetum villosum.*

5 Silber oder Stahlgrau wie das der Elfenbeindistel, *Eryngium giganteum,* setzen Farben voneinander ab.

6 Auch Sortenmischungen, wenn sie innerhalb einer Farbpalette bleiben, sind wirkungsvoll: die ausgewaschenen roten und cremigen Blüten der Akelei *Aquilegia* 'Nora Barlow' und das extravagante Purpur von *Aquilegia* 'William Guinness', dazu im Hintergrund Iranlauch, *Allium* 'Purple Sensation'.

7 Ein weiterer Klassiker mit garantiertem Farberfolg ist Katzenminze, *Nepeta,* zwischen knalligen Strauchrosen, hier *Rosa gallica officinialis* und gefüllte *Rosa* 'Duc de Guiche'.

8 Leuchttürme im Blumengarten: eine Wand von Blutweiderich, *Lythrum salicaria.*

9 Beliebt und vielseitig einsetzbar ist der Purpur-Sonnenhut, *Echinacea purpurea,* erhältlich in mehreren Sorten und Farben.

1
2
3
4
5
6
7
8
9

Gelb und Weiß bringen Licht in den Garten.

1 Weiße Petunien im Halbschatten.

2 Dramatisch vollgepackte leuchtende Beete, wie wir sie aus historischen Anlagen kennen: Kaiserkronen, *Fritillaria imperialis* 'Lutea Maxima' vor Goldlack.

3 Abends und nachts duftender Ziertabak, *Nicotiana sylvestris,* vor einem grünen Vorhang.

4 Sonnenbraut, hier *Helenium autumnale* 'Moerheim Beauty', ist ein wichtiger Bestandteil von Blumengärten und in vielen Sorten im Farbspektrum von Gelb bis fast Rot erhältlich.

5 Großzügige Bänder von Farben wirken beeindruckend Sonnenhut, *Rudbeckia fulgida* 'Goldsturm' ist ein guter Partner zu graulaubigen Stauden und Gräsern.

6 Taglilien, *Hemerocalis,* erhältlich in unzähligen Weiß- bis Gelb- und Rottönen mit allen Zwischenschattierungen, dazu Felbrich, *Lysimachia punctata,* im Hintergrund.

7 Ziersträucher sind auch wichtige Elemente des Blumengartens. Die Weiße einfache Doldentrauben von Spierstrauch, *Spiraea* haben eine gewisse Ähnlichkeit zu einfachen Kletterrosen wie *Rosa mulliganii.*

8 Gelb, unterbrochen von kleinen Purpurpunkten: Fackellilien, *Kniphofia,* Färberkamille, *Anthemis tinctoria,* und Schleier-Verbene, *Verbena bonariensis.*

9 Die bezaubernde Schönheit von Engelwurz, *Angelica sylvestris,* kommt beim richtigen Licht und mit passendem dunklen Hintergrund gut zur Geltung.

garbe, Herbstastern und Indianernessel, um nur einige zu nennen, wirken jedesmal anders, je nach nachdem wie sie zusammengestellt und mit welchen Partnerpflanzen sie kombiniert werden.

Entscheidend ist die Art und Weise, wie die Pflanzen gruppiert werden, denn sie ergeben den Gartenstil.

Accessoires wie Möbel, Pflanztöpfe, Beleuchtung und Skulpturen spielen ebenso eine Rolle wie die eher funktionalen Elemente der Pflasterung und Umzäunung, denn sie alle betonen und unterstreichen den gewählten Stil. Wenn Sie sich schwertun, eine Entscheidung zu treffen, warum testen Sie die einzelne Gartenstile nicht, wie man ein Sofa oder ein Auto testet? Besuchen Sie möglichst viele Gärten, am besten zu verschiedenen Tages- und Jahreszeiten. Betrachten Sie sie aus unterschiedlichen Winkeln, prüfen Sie sie auf ihre Zweckmäßigkeit und lassen Sie den Geist des Ortes auf sich wirken.

Von der Farbe geleitet

Die Entscheidung für ein bestimmtes Farbthema bewährt sich insofern, als sich die Zahl der Pflanzen dadurch einschränken lässt und die Rabatte einer Art »Programm« folgt. Bis zu einem gewissen Maß werden Ihre Farbwünsche auch den Stil des Blumengartens beeinflussen. Zu jedem Blumengartentyp gehört eine charakteristische Farbpalette. Da Blumen untrennbar mit Farben verbunden sind, werden sie Ihre Entscheidung für einen bestimmten Stil beeinflussen:

- Zarte Pastelltöne charakterisieren die typisch englischen Rabatten.
- Kräftige Farben und gezielte Kontraste sind, wie in der modernen Malerei, das Markenzeichen für dynamische »standortgerechte« Staudengärten.
- Ein wahres Kunterbunt, das aufdringliche Sekundärfarben gleichwertig neben einfühlsam zarte Töne setzt, zeichnet den Cottage-Garten aus.

Der Reiz der überaus beliebten weißen Rabatten, wie wir sie in Sissinghurst und vielen anderen Gärten finden, beruht allerdings nicht nur auf der Wirkung der Blüten-, sondern auch der Blattfarbe. Das monochrome Thema kommt minimalistischen Gärten entgegen, in denen eine zurückhaltende architektonischen Wirkung beabsichtigt ist. Zu dieser Gestaltung passen Tulpen wie die lilienblütige 'White Triumphator', Rosen wie die Sorte 'Schneewittchen' oder die Kletterrose 'Kiftsgate', der Meerkohl *(Crambe cordifolia),* die Süßdolde *(Myrrhis odorata)* und die Flammenblume *(Phlox paniculata* 'Pax').

Beete in flammenden Farben, wie sie in Hidcote Manor und vielen anderen vom National Trust betreuten Gärten zu sehen sind, zeigen Begeisterung für feurige Effekte. Die gewagte, fast schon schrille Farbgebung erinnert an viktorianische Opulenz und weckt Assoziationen an öffentliche Parkanlagen und Teppichbeete, wie man sie in den Gärten von Vorstadtvillen sieht. Signaturpflanzen sind hier Tulpen, Wolfsmilchgewächse *(Euphorbia* 'Fireglow'), Dahlien *(Dahlia* 'Bishop of Llandaff'), Montbretien *(Crocosmia* 'Lucifer') und Mohn *(Papaver orientale* 'Beauty of Livermere'), um nur einige zu nennen.

Während der Reiz ländlicher Gärten auf ihrem leuchtenden Kunterbunt der Farben beruht, die vor einem grünen Hintergrund zusammenfließen, sind die englischen Staudenrabatten feinstens aufeinander abgestimmte Kompositionen. Hier verschmilzt eine Farbe mit der anderen zu einem kunstvollen Gewebe, das um seiner Gesamtwirkung bewundert wird. Zarte Pastelltöne bestimmen das Bild, dazwischen gezielt eingestreut immer wieder ein leuchtender Blickfang. Generell wird man jedoch Farben, die sich beißen, immer vermeiden.

In direktem Kontrast dazu ist eine ganz andere Philosophie: die Farbkompositionen des neuen dynamischen Pflanzstils. Während die eine Seite zurückhaltende, zarte Kombinationen zeigt, finden sich hier überraschende, kühne Farbeffekte. Das Spektrum reicht von Magentarot bis Braun, wobei jede Farbe mit der anderen wetteifert – eine Palette der Rostbraun- und Orangetöne, Rosa- und Kirschrotschattierungen über weite Flächen und dazwischen, wie eingewoben, Ziergräser.

Auch wenn jeder seine bestimmten Lieblingsfarben haben mag, so kommen die ruhigeren und gedeckten Töne im Garten auf lange Sicht doch besser zur Geltung. Gelb in all seinen Schattierungen, von blassen Tönen bis zu Sonnengelb, harmonieren wunderbar mit den Grüntönen des Gartens und entfalten in Rabatten eine harmonische und freundliche Wirkung. Sie strahlen Fröhlichkeit und Lebensfreude aus, an der man sich nie sattsieht.

Rabatten in pastelligen Blau-, Gelb- und Rosatönen wecken mit ihren zarten Farben Assoziationen an Zuckerwatte aus Kindertagen, und fein abgestimmte Schattierungen erinnern an Bilder aus längst vergangenen Zeiten.

Ein Kaleidoskop, das die ganze Palette von Farbtönen und Abstufungen aufgreifen würde, wäre ein Balanceakt, der ein gutes Farbgefühl erfordert, wenn er wirklich gelingen sollte. Wo eine solche Massierung der Farben ins Auge gefasst wird, bedarf es in der Regel aber eines weit größeren Beets.

Ein spezieller Boden und spezielle Pflegebedingungen verlangen eigene Lösungen. Dieser Blumengarten auf einem mageren, kalkhaltigen Boden hat mehr Ähnlichkeit mit einer Steppenlandschaft. Es ist nicht verwunderlich, dass gerade Spezies wie Lauch und Tulpen, die aus solchen Gegenden stammen, hier besonders gut gedeihen. Spornblume, *Centranthus ruber,* rechts auch die weiße Sorte 'Albus', wächst mit Vorliebe auf mageren Böden und sogar in und auf Mauerwerk. Die feinen, Halm-ähnlichen Blätter und gelben Sternblüten der Junkerlilie, *Aspodeline,* setzen sich gut gegen die lila Kugeln von *Allium giganteum*, die kleineren und dunkleren von *Allium atropurpureum* und Wiesenstrorchenschnabel ab.

Blumen, aber zu welchem Preis?

Was ein Blumengarten wirklich kostet, wird selten errechnet. Nach dem Pflastern der Wege und der Gehölzpflanzung bilden Blumenbeete aber einen finanziell nicht zu unterschätzenden Posten. Man wundert sich jedes Mal, wie teuer Stauden sind. Pro Quadratmeter kalkuliert, ergibt sich eine geradezu schockierende Summe, zumal es sich ja nicht nur um die Pflanzen allein handelt, sondern auch um Stützstäbe, Bodenverbesserer, Dünger und Mulch. Um die Kosten etwas zu senken, lässt sich einiges auch selbst aus Stecklingen oder Samen vermehren oder mit Freunden tauschen.

1

2

3

Der Gartenstil und die Jahreszeiten: Ist ein Ganzjahresblumengarten möglich? Nur bedingt. Mit der richtigen Auswahl der Pflanzen und des Gestaltungsstils kann man aber für einen Ganzjahreseffekt sorgen.
1 Die Saatkapseln des Schlafmohn, *Papaver soniferum,* bleiben als markante Zierde lange stehen nachdem die Blume verblüht ist. In Kombination mit *Eryngium planum* 'Blauer Zwerg' und der Witwenblume, *Knautia macedonica,* hat diese Pflanzung eine garantierte Langzeitwirkung.
2 Die blassen rosa-weißlichen Farben der Blühähren und Blüten von Ziergräsern und der Fetthenne, *Sedum,* sind inzwischen klassische Pflanzen des Winterbeets.
3 Das Gleiche gilt auch für das Brandkraut, hier *Phlomis russeliana* zwischen Grashalmen.
4 Bestückt mit einer bunten Mischung von ein- und zweijährigen Pflanzen und Geophyten haben Bauerngärten und Prachtrabatten ihren Höhepunkt von Mai bis September. Vom Spätherbst bis Winter liegen sie brach, denn die Gärten und ihr Pflegepersonal brauchen Zeit, um sich von den Anstrengungen des Sommers zu erholen und Kraft für das nächste Jahr zu sammeln.

Dennoch sollte man bedenken, dass Pflanzen aus einer Staudengärtnerei zwar teuer erscheinen mögen, man dafür aber auch Qualitätsmaterial einer genau bekannten Art erwirbt und durch den Kauf indirekt auch wertvolle Arbeit unterstützt. Stellen Sie Pflanzenlisten zusammen und berechnen Sie die Kosten, bevor Sie unbedacht Geld ausgeben, und bedenken Sie, dass Großeinkäufe insgesamt günstiger sind als hier und da ein Pflänzchen.

Auch die Natur hilft Ihnen. Wenn Sie Vögeln einen Lebensraum geben, werden Sie von ihnen mit Samen beschenkt, die diese in Ihren Garten tragen. Lassen Sie Pflanzen wie Akeleien und Fenchel aussamen und Wurzeln schlagen, wo es ihnen gefällt. Eine wunderbar preisgünstige Farbquelle sind Zwiebelblumen, wie Narzissen, die Kolonien bilden und sich, wo ihnen die Bedingungen zusagen, vermehren und ausbreiten.

Bezugsquellen und Zulieferer

Die Wirkung komplexerer Gartenplanung hängt bisweilen von ganz bestimmten Pflanzen ab. So hört man immer wieder von passionierten Gärtnern, die alles versuchen, um genau die Sorte, die sie in irgendeiner Zeitschrift gesehen haben, aufzutreiben. Die Jagd nach Pflanzen kann durchaus Spaß machen, denn sie bedeutet zugleich, Verbindungen zu Experten zu knüpfen und wertvolle Informationen zu erhalten. Aber dafür braucht man Zeit und Enthusiasmus, vor allem aber muss man solche Aktionen starten lange bevor die Pflanzen benötigt werden, denn sie können sich über Monate hinziehen. Falls Sie keinen Zugang zu einem guten Lieferanten haben und auch nicht über die erforderliche Geduld verfügen, Quellen für das Pflanzenmaterial ausfindig zu machen, sollten Sie Alternativlösungen suchen.

Spezielle Pflanzenmessen bieten viele Kontaktmöglichkeiten und Zugang zu wertvollen Ratschlägen. Eine gute Staudengärtnerei kann Ihnen wertvolle Hinweise geben und auch Neueinführungen zeigen. Denken Sie bei der Planung daran, dass Spezialgärtnereien oft nur über beschränkte Mengen verfügen – bestellen Sie also rechtzeitig im Voraus. Wenn Sie im Spätherbst eine Lieferung für das kommende Frühjahr ordern, dann können Sie davon ausgehend, dass Sie die Arten bekommen, die Sie wollen und sie nicht durch ähnliche ersetzen müssen.

Manche Pflanzen müssen extra vermehrt werden, sodass es günstig ist, bei großen Mengen vorsichtshalber noch einen anderen Zulieferer einzubeziehen. Die Mehrzahl der Gärtnereien versendet ihre Kataloge im Voraus und macht ihre Kunden darauf aufmerksam, wenn Produkte nur in beschränkter Zahl verfügbar sind. Nicht alle Pflanzen sind jederzeit lieferbar. Auch wenn einige schon früher ausgeliefert werden können als andere, ziehe ich es vor zu warten, bis meine gesamte Bestellung bereit steht, bevor ich sie mir schicken lasse.

Es gibt kaum etwas Schöneres, als sich in Spezialgärtnereien umzusehen oder an einem Winterabend Pflanzenkataloge und

Beschreibungen durchzuforsten. Auch das Internet bietet inzwischen Zugang zu Informationen, aber obwohl es durchaus gute Webseiten gibt, ist das Angebot bis jetzt keineswegs so umfassend, dass es die altmodische Methode, Kataloge und Bücher zu wälzen, ersetzen könnte.

Summ, Bienchen, summ

Blüten entfalten sich nicht allein zur Freude von uns Menschen – für viele Insekten- und Vogelarten sind Blüten geradezu lebensnotwendig. Summende Bienen gehören ebenso zum Bild eines Blumengartens wie der Flügelschlag der Schmetterlinge. Blumengärten sind wahre Paradiese für Insekten und Vögel, und durch die Wahl entsprechender Pflanzen können wir in unserem Rahmen zur Förderung und Unterstützung ihres Lebensraumes beitragen. Die Samen der Karde *(Dipsacus)* beispielsweise locken Buchfinken an, während die Kerne der Sonnenblume einer ganze Reihe Vögeln als Futter dienen. Die Schleier-Verbene *(Verbena bonariensis)*, der Purpur-Sonnenhut *(Echinacea purpurea)* und der zu Recht so genannte Schmetterlingsstrauch *(Buddleja)* wirken wie Magneten auf Schmetterlinge. Das Brandkraut *(Phlomis)* ist ein beliebtes Ziel von Marienkäfern, und Nachtkerzen *(Oenothera)* locken Fledermäuse an. Ein Blumengarten ist also nicht nur ein Schmelztiegel der Farben und Düfte, sondern wichtiger Bestandteil des Naturkreislaufs.

Ideen, Skizzen und Notizen

Auf der Suche nach unserem Traumgarten werden wir immer dankbar sein für Ideen, Tipps und Anregungen. Gartenliebhaber verfügen als eifrige Sammler von Informationen oft über ganze Ordner und Notizbücher voller Materialien, Namen, Artikel und Bilder, die bei Bedarf wertvolle Dienste leisten.

Notieren Sie sich aber nicht nur reizvolle Arten, die Ihnen irgendwo aufgefallen sind, sondern denken Sie darüber hinaus auch an die Gesamtkomposition. Halten Sie fest, in welchen Pflanzengemeinschaften sie am besten gedeihen und versuchen Sie, mit den Pflanzen vertraut zu werden, indem Sie sie zu verschiedenen Zeiten des Jahres beobachten. Zeichnen Sie auf, wo eine Pflanze wächst und inwiefern ihr diese Bedingungen besser entsprechen als andere. So entsteht Ihr ganz persönliches Pflanzenvokabular.

Versuchen Sie nie, einen anderen Garten oder ein Blumenbeet sklavisch zu kopieren, denn was sich an einem Ort als harmonisch erweist, muss an einem anderen nicht zwangsläufig stimmig wirken. Lassen Sie sich vom Charakter und der Atmosphäre inspirieren, aber streben Sie einen eigenen Stil an, der innerhalb eines bestimmten Rahmens den Pflanzen und Ihrer individuellen Lebensart entspricht.

Die Zusammenstellung der Pflanzen ist entscheidend. Wer die Bilder genau betrachtet, merkt dass bestimmte Pflanzen immer wieder auftauchen. Je nachdem, wie sie arrangiert sind, in welcher Menge und mit welchem Partner, haben sie eine andere Ausstrahlung.

1 Die moderne lässige Eleganz einer standortgerechten Pflanzung mit Ziergräsern, Kerzenknöterich, *Persicaria amplexicaulis,* und Astern.

2 Im Gegensatz dazu die üppige Fülle eines Bauerngartens. Hier wachsen die Blumen in den Lücken, die übrig bleiben zwischen und über den Beeten.

3 Wie ein Fleckerlteppich stehen die Blumen einer Wiese dicht zusammen – mal farblich gruppiert, mal durcheinander.

4 Reglementiert und geordnet, hinter einer Buchshecke platziert, hat jede Pflanze in der Doppelprachtrabatte den ihr zugewiesenen Platz.

(Nächste Doppelseite)
Als Grundvoraussetzung für einen Blumengarten steht an erster Stelle die Begeisterung für Blumen, dann eine realistische Einschätzung der eigenen Kräfte und der verfügbaren Finanzen. Aufwändige englische Prachtrabatten mit ihren fein abgestimmten Farbpaletten und Standortbeschränkungen sind wunderschön, aber haben eben ihren Preis. Hier: Beetbestimmender Meerkohl, *Crambe cordi-folia,* deckt riesige Flächen. In der ersten Reihe: Wollziest, *Stachys byzantina* 'Silver Carpet', *Geranium clarkei* 'Kashmir White', Binsenlilie, *Sisyrinchium striatum,* wie auch andere Storchenschnabelsorten. In der zweiten Reihe: Türkischer Mohn, *Papaver-orientale*-Hybride, breitblättrige Glockenblume, *Campanula latifolia* var. *macrantha,* Finger-*Digitalis* in Weiß und Purpur und Strauchrosen, hinten die pfirsichblättrige Glockenblume, *Campanula persicifolia.*

1

2

3

4

Blumen im »Country«-Stil

Die Verwandlung vom Nutzgarten zum Schmuckstück

Romantisch und rustikal, schmückend und nützlich: Ländliche Gärten symbolisieren ein vergangenes und beinahe vergessenes Zeitalter. Sie sind wieder so beliebt, dass inzwischen eine ganze »Country«-Industrie damit beschäftigt ist, die passenden Pflanzen und Requisten, Geräte, Gießkannen und Tröge zu liefern. Diese Gärten unterliegen Brauchtum und Tradition. Früher wurde nichts ohne Grund gepflanzt, und nichts wurde verschwendet. Über die Jahre ist die Frage nach dem Nutzwert in den Hintergrund getreten und Schönes hat genauso seinen Platz. *Anemone japonica*-Hybriden 'September Charme', Rosen und Kosmeen neben der prächtigen aber gleichzeitig nützlichen Sonnenblume.

Ländliche Gärten besitzen ein besonderes Flair. Sie erwecken Vorstellungen von idyllischen, romantischen, blumenumhüllten Häusern. Überbordend von Blüten und Laubwerk symbolisieren solche Gärten, mit ihrer Mischung aus Nutzung und Dekoration, Ordnung und Fülle, Leichtigkeit und Spontaneität, eine fast ideale Symbiose zwischen Natur und Mensch. Auf kleinstem Raum realisierbar und bestückt mit einer bunten Palette von ein-, zwei- und mehrjährigen Pflanzen wird jeder Quadratzentimeter dieser Gärten optimal ausgenutzt. Die fröhliche Schönheit des Nutzgartens hat sich aus dem Zweck, Gemüse und Kräuter für den täglichen Bedarf anzubauen, ergeben.

Rustikal, urig und keinesfalls perfekt, bieten ländliche Gärten ein besonderes Ambiente. Ihre Entdeckung und Verwandlung zum Schmuckstück spiegelt die heutige Sehnsucht nach einem vergangenen, gemütlicheren Zeitalter wider. Der allgemeine und heute oft verwendete Begriff »Country-Garten« umfasst zwei verwandte, aber eigenständige Gartenstile: den traditionellen Bauerngarten und den aus England stammenden Cottage-Garten. Beide sind sofort erkennbar und zu einem Markenzeichen der Länder, aus denen sie stammen, geworden.

1

2

3

4

5

6

8

9

Die Blumen des Bauerngartens:
1 Eine Mischung aus selbst Ausgesätem (Spornblume, *Centranthus ruber,* und Frauenmantel, *Alchemilla mollis*) und absichtlich Gepflanztem (Bartnelken, *Dianthus barbatus).*
2 Die Bauern-Pfingstrose, *Paeonia officinalis,* gab es früher nur in einfachem Rot. Sie wird heute in vielen Schattierungen und Blütenformen angeboten, hier die großblumige, gefüllte *Lactiflora*-Hybride 'Kansas'.
3 Der Ertrag mag vielleicht wichtiger sein als die Blüten, sie sind aber trotzdem von einer bestechenden Qualität: Feuerbohnen, *Phaseolus coccineus,* blühen durchgehend von Juli bis September.
4 Dahlien gehören einfach in den Bauerngarten, am besten farblich durchmischt.
5 Beerenobst und Früchte, wie die Äpfel, sind auch Farbträger im Garten.
6 Es gibt kaum einen ländlichen Garten ohne die langstieligen Blüten der *Alcea rosea,* je nach Region Stockrose oder Malve genannt. Diese anspruchlosen zweijährigen Blumen wurden im letzten Jahrhundert in unzähligen Farben eifrig gesammelt. Damals gab es weit über 200 Sorten, von denen viele leider wieder verschwunden sind.
7 Flammenblume oder einfach *Phlox* ist ein weiterer Klassiker des Bauerngartens.
8 Kapuzinerkresse, *Tropaeolum majus* – benannt nach der Tracht des Kapuzinerordens – wird heute fast nur noch als bunte Zierde gepflanzt. Früher stand der Nahrungswert an erster Stelle. Die nach Kresse schmeckenden Blätter wie auch die Blüten können im Salat untermischt werden.
9 Was die Blumen des Bauerngartens auszeichnet, sind ihre leuchtenden, kräftigen Farben, wie hier der Sonnenhut, *Rudbeckia fulgida* 'Goldsturm'.

Bauern- und Cottage-Gärten

Country-Gärten mit all ihren Blumen symbolisieren eine vergangene einfache Lebensweise; sie sind der Zugang zu einer früheren Gartenkultur. Während der klassische Bauerngarten, heimisch im deutschsprachigen und skandinavischen Raum, eine klare, eigenständige, umzäunte Einheit mit Abstand zum Hauptgebäude bildet, schmiegt sich der typische englische Cottage-Garten um das Wohnhaus und nimmt die zur Verfügung stehende Fläche voll in Anspruch.

Die Größe des Bauerngartens wurde früher primär von der Zeit, die die Bäuerin oder ihre Töchter für ihren Nutzgarten opfern konnten, bestimmt. Ihr Ziel war, mit beschränktem Zeitaufwand den möglichst größten Ertrag aus der kleinsten Fläche zu erwirtschaften; ein Prinzip, das unserer heutigen zeitarmen Gesellschaft entgegenkommt. Arbeiten auf engstem Raum und die Auswahl von Gemüsearten mit unterschiedlicher Kulturdauer waren damals gang und gäbe. Nicht nur das gärtnerische Wissen, sondern auch der Einsatz und die Anwendung von Kräutern im Haushalt und in der Hausapotheke wurden hoch geschätzt und von Generation zu Generation weitergegeben.

Der Bauerngarten: Blumen mit Zweck

Obwohl der Bauerngarten kein reiner Blumengarten ist, ist er in unserer Vorstellung immer eng mit bunter Blütenpracht verbunden. Schuld daran sind die vielen zauberhaften nostalgisch angehauchten Fotografien. Aus jeder Ecke, über und um den Einfriedungszaun schaut etwas Blühendes hervor; Kapuzinerkresse schlingt sich zwischen den Beeten, Rosen beranken den Zaun und Königskerzen und Stockrosen erobern die freien Flecken. Durch die Blüten werden die geometrischen Konturen des Gartens entschärft. Die Blumen waren aber stets nur eine Begleitung und standen eindeutig an zweiter Stelle nach den Ertragspflanzen.

Grund für das typische lebhafte Aussehen des Bauerngartens ist die Mischkultur; Kräuter neben Gemüse und dazwischen Zierpflanzen, alles mit dem ihm zugewiesenen Platz und Zweck im Garten. Die Nutzpflanzen mussten schnell und gesund wachsen, das Ungeziefer auf ein Minimum beschränkt werden und die Pflegezeit ebenso. Es gibt kaum einen besseren Weg dies zu gewährleisten, als durch den Einsatz der richtigen Pflanzen mit mehrfachem Nutzen. Diese Bewirtschaftungsart des Bauerngartens hat sich seit dem Mittelalter kaum verändert. Viele der vertrauten Pflanzen sind auf die Verordnung »Capitulare de villis« von Karl dem Großen aus dem Jahr 812 zurückzuführen. Hierin wurden Pflanzen aufgeführt, die man

Merkmale des Bauerngartens

- *Eigenständige, rechteckige, umzäunte Einheit in einigem Abstand vom Haus*
- *Zur besseren Bearbeitung Beete streng geometrisch aufgeteilt, oft mit Holzbrettern als Einfassung*
- *Arbeiten auf engstem Raum*
- *Mischkultur mit Ertragspflanzen*
- *Direktaussaat*
- *Blumen nicht nur als Zierde sondern mit Zweck*
- *Gehölze und winterharte Stauden nur entlang des Zaunes*
- *Wassertrog oder Brunnen oft als Mittelpunkt*

Signaturblumen im Bauerngarten

Achillea millefolium, Schafgarbe
Adonis vernalis, Adonisröschen
Alcea rosea, Stockmalve
Allium schoenoprasum, Schnittlauch
Althaea officinalis, Eibisch
Amaranthus blitum, Amarant
Anethum, Dill
Anthemis tinctoria, Färberkamille
Antirrhinum, Löwenmäulchen
Artemisia vulgaris, Beifuß
Calendula officinalis, Ringelblume
Cheiranthus cheiri, Goldlack
Cosmos, Kosmea
Dahlia, Dahlie
Dianthus barbatus, Bartnelke
Dicentra spectabilis, Tränendes Herz
Digitalis purpurea, Roter Fingerhut
Foeniculum vulgaris, Fenchel
Fritillaria imperialis, Kaiserkrone
Helianthus annuus, Sonnenblume
Helleborus niger, Christrose
Hesperis matronalis, Nachtviole
Iris germanica, Schwertlilie
Lavandula, Lavendel
Lavatera trimestris, Bechermalve
Levisticum officinale, Liebstöckel
Lilium canadidum, Madonnenlilie
Lilium martagon, Türkenbund
Lunaria annua, Silberling
Nigella damascena, Jungfer im Grünen
Oenothera biennis, Nachtkerze
Paeonia officinalis, Pfingstrose
Phlox paniculata, Staudenphlox
Physalis alkekengi var. *franchetii*, Lampionblume
Rosa in Arten und Sorten, Strauch-, Kletter- und historische Rosen
Rosmarinus officinalis, Rosmarin
Salvia officinalis, Echter Salbei
Santolina chamaecyparissus, Heiligenkraut
Symphytum officinale, Beinwell
Tagetes, Studentenblume
Tanacetum parthenicum, Mutterkraut,
Tanacetum vulgare, Rainfarn
Tropaeolum majus, Große Kapuzinerkresse
Valeriana officinalis, Baldrian
Viola tricolor, Stiefmütterchen
Zinnia, Zinnie

im Garten einsetzen sollte, unter anderem weiße Madonnenlilien *(Lilium canadium)*, Schwertlilien (Fris germanica), Rosen, Katzenminze, Mohn, Eibisch, Malven, Rosmarin – alles alte Bekannte, die auch heute noch in fast jedem Bauerngarten vertreten sind.

Die Blumen mussten robust, unempfindlich und vor allem von Nutzen sein: entweder als Heilkräuter für Salben,Tinkturen und Tees oder wegen ihres Duftes, um sie im Haushalt gegen Ungeziefer, wie Motten und Läuse, einzusetzen. In der häuslichen Gartenapotheke standen aber auch giftige Blumen, manche mit stark herzschädigender Wirkung, die mit Vorsicht zu behandeln waren und nur außer Reichweite von grasendem Vieh gepflanzt werden durften, wie Eisenhut *(Aconitum napellus)*, roter Fingerhut *(Digitalis purpurea)*, Goldlack *(Cheiranthus cheini)* und Pfingstrosen *(Paeonia officinalis)*.

Lange vor dem Einsatz chemischer Pestizide und Herbizide wurden durch eine gelenkte Symbiose und das Zusammenwirken von Partnerpflanzen Schädlinge bekämpft, indem etwa bestimmte Pflanzen nützliche Insekten anziehen. Die vielseitige Färberkamille, deren Blüten auch als Tee verwendbar sind, lockt durch ihr ätherisches Öl die Schwebfliege an, deren Larven Blattläuse fressen.

Ringelblumen, Kapuzinerkresse und Dill stärken in der richtigen Partnerschaft die pflanzlichen Abwehrkräfte, eine Erklärung dafür, warum diese Spezies zum Standardinventar jedes Bauerngartens gehören. Außerdem waren Bienen und Schmetterlinge ein selbstverständlicher Bestandteil des Gartens, und der Gärtner wusste aus Erfahrung, welche Blüten das beste Bienenfutter sind.

Quadratisch, praktisch und doch wunderschön

Die unverwechselbare Anordnung eines Bauerngartens verleiht ihm seine fast starre Erscheinung. Praktisch und zweckmäßig, erlaubte die geometrische Anordnung der schmalen Beete innerhalb der rechteckigen oder quadratrischen Form des Gesamtgartens ein besseres, einfacheres und schnelleres Arbeiten. Die Breite und Länge der Beete wurde nach menschlichem Maß angelegt, eben nach der Armlänge, die man bequem vom Weg aus erreichen konnte.

Die Wege selbst, oft nur Trampelpfade, in besseren Gärten mit Holzbohlen oder Feldsteinen bedeckt, wurden auf eine minimalen Breite gehalten, um nicht zu viel von der kostbaren Fläche zu verschwenden. Typische Formen sind der schubkarrenbreite Mittelweg mit Beeten zu beiden Seiten, der Kreuzweg, je nach Größe mit jedem Karree weiter unterteilt, oder das mittige Rondell mit Wasserstelle zum schnellen Giessen. Auch Hochbeete, heute angelegt für das bequemere Arbeiten, dienten damals im Alpengebiet dem besseren Gedeihen des Gemü-

Lange Zeit schien der Untergang des Bauerngartens besiegelt und damit eines wichtigen Teils unserer Gartenkultur. Jetzt wurde der Bauerngarten aus der Vergessenheit geholt. Hier bildet der 240 Quadratmeter große Bauerngarten einen würdigen Rahmen für eine Pfingstrosen-Sammlung von mehr als 120 Sorten. Links die markanten rosa Blütenschalen der *Paeonia-lactiflora*-Hybride 'Bowl of Beauty', im Vordergrund gefüllte 'Kansas', rechts dahinter rosa 'Sarah Bernhardt' und im Hintergrund weiße 'Kelway's Glorious'. Die Wahl der Begleitpflanzen ist wichtig, denn sie müssen sowohl das ländliche Ambiente als auch die Schönheit der Pfingstrose unterstreichen; hier kleine orangefarbene Tuffs von Ringelblumen, *Calendula officinalis*, Säulen von Rittersporn und weiße pfirsichblättrige Glockenblumen, *Campanula persicifolia*.

Mit der Zeit wurde der Bauerngarten verfeinert. Kieswege ersetzten die gestampfte Erde, die Bestückung der Beete wurde mit Bedacht nach ihrer zierenden Wirkung ausgesucht. Die Einfassung mit sorgsam geschnittenen Buchshecken deutete früher auf Wohlhabenheit hin. Sie ist auf Einflüsse aus Renaissance-Gärten zurückzuführen und wurde mit der Zeit fast ein Synonym für den Bauerngarten. In der Regel ist der Garten mit einem Staketenzaun eingefriedet, später wurden noblere Ausführungen mit Eisengittern umzäunt. Mit seinem höheren gärtnerischen Wert stieg auch der Anteil an Blumen – oft farbig aufeinander abgestimmt. Hier unter anderem »Jungfer im Grünen«, Pflingstrosen, Frauenmantel, Gartenmargeriten, Rittersporn und Iris.

ses. Die Gesundheit der Pflanzen und die Freude am Ertrag standen stets im Vordergrund.

Der Bauerngarten spiegelte in seiner Größe und Ausführung auch den Wohlstand der Besitzer wider: je größer, üppiger und umso mehr Blumen, desto reicher der Bauer. Breite Wege, Buchsbaumeinfassungen, ein bearbeiteter Natursteintrog, schmiedeeiserne Gitter statt Holzzaun und eine Vielzahl von Zierpflanzen sagten viel über den Besitzer aus. Während ein Großbauer einen Garten mit 100 bis 250 Quadratmeter besaß, waren die Gärten von Kleinbauern und Austraghäuslern erheblich kleiner, manchmal nur 25 Quadratmeter. Auch die Lage spielte eine entscheiden-de Rolle bei der Größenordnung des Gartens. Im Alpengebiet sind die Gärten, bedingt durch die Hanglagen, kleiner als in der flachen Tiefebene.

Die Verwandlung des Aschenputtels

Was diesen Gartentyp auszeichnet ist seine Bescheidenheit und die Fähigkeit, sich bei allen Arten von ländlichen Bauwerken, ob aus Stein, Ziegel oder Fachwerk einzufügen. Der Garten, auch wenn er sich in Hausnähe befindet, ist wie eine Insel, ein üppiger bunter Fleck, umgeben von den landwirtschaftlich genutzten Flächen. Wenige traditionelle Bauerngärten sind noch erhalten. In Freilichtmuseen, wie in Bayern auf der Glentleiten und in Großgmain im Salzburger Land, kann man diese Urformen bewundern. Heute haben in vieler Hinsicht die Schrebergärten die ursprüngliche Rolle des Bauerngartens übernommen.

Als Gartenstil hat sich der Bauerngarten jedoch zum Schmuckstück verwandelt. Einfach nachzuahmen auch auf kleinster Fläche erlebt der Bauerngarten eine Wiedergeburt. Die neuen Varianten dieses Stils nehmen die Kernelemente auf und setzen sie in verfeinerter Art und Weise als eigene Bereiche innerhalb des Gartens um. Hier ist auch der Einfluss italienischer Renaissancegärten spürbar, mit ihrer strengen geometrischen Gliederung der Beete, gesäumt mit Buchseinfassung und gefüllt mit Stauden und Rosen. In solchen edlen Gärten sind die Wege mit Natursteinpflaster oder Kies bedeckt, eine geschnittene Hecke ersetzt den luftigen Staketenzaun. Dieser Raum innerhalb des Gartens ist vielleicht Welten entfernt vom urigen, robusten, rustikalen, charmanten, ungeschliffenen und ländlichen Vorgänger. Aber allein durch die eingefriedete rechteckige Form, angefüllt mit verschiedensten Stauden, erweckt er Assoziationen an eine vergangene Zeit.

Nutzblumen im Bauerngarten

- *Ringelblumen* (Calendula officinalis), *früher als Safranersatz, die Blütenessenz in Salben gegen Prellungen*
- *»Jungfer im Grünen«* (Nigella damascena), *früher Verwendung der Samen anstelle von Kümmel*
- *Färberkamille,* Anthemis tinctoria, *wie der Name besagt zum Färben, lockt Schwebfliegen und auch Läuse von anderen Pflanzen an*
- *Weberkarde* (Dipsacus sativus), *wichtig in der Weberei, um Wolle zu kämmen*
- *Poleiminze* (Mentha pulegium), *stark duftend, gegen Ameisen und Mäuse*
- *Kapuzinerkresse* (Tropaeolum majus), *reich an Vitamin C, verstärkt die natürlichen Abwehrkräfte.*

Merkmale des Cottage-Gartens

- *Schmiegt sich an und um das Wohnhaus, eingefriedet durch einen Zaun oder eine geschnittene Hecke*
- *Zierender Vorgarten, Hauptweg führt direkt zur Haustür, flankiert durch Blumen*
- *Vertikale grünrankende Pflanzen an der Hauswand, Rosen um die Haustür*
- *Beete von unterschiedlicher Größe, durchmischte Blütenpracht von ein-, zwei- und mehrjährigen Pflanzen*
- *Heterogener, leicht chaotischer Charakter, ohne farbliche Ordnung*
- *Wege auf einem Minimum beschränkt, um nicht kostbare Fläche zu verschwenden*
- *Auf kleinster Fläche realisierbar*

Der Cottage-Garten: Blumen ohne Grenzen

Der englische Cottage-Garten ist unverwechselbar. Üppige Blumenpracht, chaotisches und romantisches Aussehen zeichnen diesen ländlichen Garten aus. Entstanden aus der Not und dem Wunsch, sich mit etwas Schönem und Buntem zu umgeben, war der Cottage-Garten das Reich des Landarbeiters. Hinter dem bunten Schleier des Vorgartens und den rankenden Rosen verbarg sich so manche Bruchbude. In diesen Wohnquartieren, gestellt von den großen Landbesitzern für ihre Arbeiter, war der Garten mehr als ein Ort, um Gemüse anzubauen. Er war das Gegenbild zur Realität, der einzige freundliche Fleck im Kontrast zur dunklen, primitiven und meist unhygienischen Behausung.

Die Cottage-Gärten gelten seit Jahrhunderten als Leitbild für englischen Lebensstil, obgleich der Zustand der kleinen bescheidenen Wohnhäuser bereits Anfang des 19. Jahrhunderts Grund zur Sorge war. Seit Beginn der pittoresken Bewegung im 18. Jahrhundert wurden die ärmlichen, aber hochromantischen Wohnhäuser der einfachen Bevölkerung als durchaus erwünschte Verzierung der Landschaft angesehen. Unzählige Gemälde und Gedichte widmeten sich diesem Thema. Aufgeklärte, sozial denkende Großgrundbesitzer bauten Mustersiedlungen im ländlichen »Cottage«-Stil, denen natürlich der begleitende Garten nicht fehlen durfte. Dies alles hat dazu beigetragen, dem Cottage-Garten einen besonderen Stellenwert, weit über die Landesgrenzen hinaus zu verleihen.

Sehnsucht nach der Idylle

Vielleicht ist es eine Erinnerung an die ländliche Vergangenheit oder einfach die Freude an so viel Blühendem und die schöne Illusion, die dabei hervorgerufen wird, weshalb es der Traum von vielen Engländern ist, so ein Häuschen auf dem Lande zu besitzen. Man blättert sehnsüchtig die Sonntagszeitungen durch, in der Hoffnung ein »Schnäppchen« zu finden; ein Phänomen, das seit Ende des 19. Jahrhunderts im mittelständischen England existiert. Inzwischen sind diese einst ärmlichen, unhygienischen Wohnstätten der Landbevölkerung heißbegehrte Immobilien für Stadtbewohner, die das idyllische Landleben suchen.

Es gehört zum guten Ton, eine bescheidene, kleine, mit Rosen berankte und mit Reetdach bedeckte Behausung irgendwo auf dem Land zu haben. Eine ländliche Idylle von rustikalem Schick, die einerseits sehr englisch ist, aber inzwischen zur internationalen Gartenkultur gehört.

Der heterogene spontane Charakter von einjährigen Pflanzen neben zwei- und mehrjährigen Stauden, untermischt mit

Im Cottage Garten sprießen die Blumen an jeder Ecke und erobern freie Flächen, egal ob sie waagrecht oder senkrecht sind. Was gepflanzt wird, bleibt jedem freigestellt.

1 Eine wirkliche Gartenschau: ein Vorgarten vollgepackt mit beispielhaft gesunden und prachtvollen Pflanzen.

2 Locker und lässig geht es auf diesem kleinen Stück »Country« mitten in Hamburg zu. Man benötigt nur eine Tüte gemischter Kapuzinerkresse-Samen wie 'Wirleybird' oder der Zwergform 'Alaska Mixed'.

3 Auch auf wenigen sonnengetränkten Quadratmetern vor dem Wintergarten lässt sich ein Cottage-Garten realisieren: Nachtviole, *Hesperis matronalis,* Iris und Akelei. Als kleines, aber wichtiges Detail, wurde die Farbgebung des Holzes so ausgesucht, dass sie zu der Pflanzung passt.

4 Dass der Garten auch beim Blick aus dem Fenster spürbar ist, ist wichtig. Die Kletterrose 'Paul's Scarlet Climber' blüht zweimal, wenn sie rechtzeitig zurückgeschnitten wird.

5 Die Nachtkerze, *Oenothera biennis,* eine zweijährige Pflanze, sät sich auf offenem Boden selbst aus, öffnet ihre Blüten bei Dämmerung und zieht Fledermäuse an.

6 Im Einklang mit dem Garten sein: Die Persönlichkeit der Besitzerin und der des Gartens sind eins.
Es gibt Blumen, die einfach zum Cottage-Garten gehören wie Lupinen und Rittersporn (**7**) und Steppenkerzen, *Eremurus,* Alant, *Inula* und Fackellilien, *Kniphofia* (**8**).

9 Ein weiteres Muss im Cottage-Garten ist die »Jungfer im Grünen«, *Nigella damascena* 'Miss Jekyll'.

Der Cottage-Garten ist bunt und bricht, was Farbgestaltung und Pflanzengesellschaften angeht, manche Regeln. Die Kataloge der Samenhändler haben dabei einiges zu verantworten. Sie werden Ende Oktober verschickt, im November durchgeblättert und im Januar die Pflanzen bestellt. So springen mitten in der kalten Jahreszeit die farbenprächtigen, oft grellen Pflanzenporträts aus den Seiten ins Wohnzimmer. Sie animieren, wärmen und motivieren. Kein Wunder, dass dann Bestseller wie Leberbalsam, *Ageratum* 'Blue Mist', Kalifornischer Mohn, *Eschscholzia* 'Special Mixture', und Studentenblume, *Tagetes* 'Cat's Eyes' (mit orangefarbigem Außenkleid und gelber, fedriger Mitte), in den Garten wandern. Der Cottage-Garten ist ein Experimentierfeld, in dem alles möglich ist und wundervoll wirkt.
So sind Etagenprimeln und Lupinen keine Pflanzen, die man automatisch zusammenstellen würde. Aber mit Rittersporn und Binsenlilie, *Sisyrinchium striata,* die immer wieder in Cottage-Gärten auftauchen, sowie mit Artischocke, *Cynara,* und den Blättern der Iris bilden sie eine interessante, wenn auch eigenwillige Gemeinschaft.

Sträuchern, zeichnete diese Gärten aus. Die teilweise schmalen Vorgärten, manche nicht mehr als ein Saum vor dem Haus, waren vollgestopft mit Pflanzen. Sie boten eine blühende Pracht, flankiert und untermischt mit immergrünen Pflanzen, wie Buchsbaum und Eibe, die in besonderen Formen geschnitten waren. Ebenso wie in den Bauerngärten wurde hier kein Zentimeter verschwendet. Die Wege wurden so schmal wie möglich gehalten und jede Fläche, auch die Fensterbretter, mit Blumen versehen. Abseits der Straße, auf der Rückseite des Hauses, lag der großere private Hausgarten, in dem zu früheren Zeiten die Zierpflanzen vorgezogen und, ähnlich wie im Bauerngarten, Gemüse angebaut wurde.

Aus der Not wird eine Tugend

An minimalem Budget ausgerichtet, durften hier auch selbst ausgesäte Blumen von Feld und Wiese neben gezüchteten wachsen. Ganz im Einklang mit der ländlichen Sparsamkeit wurden Pflanzen unter den Nachbarn getauscht oder auf kleinen örtlichen Pflanzenmärkten, die auch heute noch in vielen Dörfern stattfinden, günstig erworben. So entstand von Dorf zu Dorf ein ortstypisches Aussehen: Aus Wildstauden wurden Gartenstauden, alte Pflanzenarten wurden gepflegt und so der Nachwelt erhalten und neue entwickelten sich nur per Zufall – alles war abgestimmt auf die örtlichen Verhältnisse.

Als ganz neue Spezies aus Übersee eingeführt wurden, bekam der Cottage-Garten sein mittlerweile typisches Aussehen. Inzwischen werden die altbewährten klassischen Cottage-Gartenpflanzen als eigene Kategorie in Samen- und Staudenkatalogen gesondert aufgeführt. Manche Staudengärtnereien haben sich vollkommen auf dieses Thema spezialisiert und pflegen die alten Sorten wie kostbares Kulturgut.

Eng an eng streben und strecken sich die Pflanzen nach dem Licht. Entsteht eine Lücke, wird sie fast über Nacht von Akelei, Fingerhut, Scheinmohn oder Königskerzen gefüllt. Höhenmäßig durchmischt, stehen ebenso kleine Pflanzen in der Beetmitte wie Riesiges am Beetrand. Mehr aus Zufall als durch bedachte Komposition sind die Gärten ein kunterbuntes Blumenmosaik, in dem alles seinen Platz hat, was die überbordende Farbgebung unterstützt. Die Blumen sind ein Paradies für Insekten, vor allen für Bienen und Schmetterlinge, und ihr Summen und Flattern gehört zum typischen Gesamtbild.

Der Cottage-Garten als Quelle für Schnittblumen zur Ausschmückung des Hauses, der Kirche oder für den jährlichen floristischen Wettbewerb im Dorf hat nach wie vor seine Bedeutung. In manchen Haushalten verwendet man auch noch getrocknete Blumen- und Kräuter-Potpourris, um die Wohlgerüche des Gartens ins Haus zu holen, die Vorläufer der heutigen künstlich hergestellten Duftspender.

Geduld und Zeit sind auch hier gefragt

Einer der größten Vorteile des Cottage-Gartens ist, dass alles erlaubt ist, solange die übergeordnete Wirkung erhalten bleibt. Aber was auf den ersten Blick so einfach erscheint, entpuppt sich ganz anders, wenn man versucht es nachzuahmen. Spontaneität gelingt nur mit Geduld und Zeit, denn dazu müssen die Pflanzen ihren Teil beitragen. Wenn wir Blumen einsetzen, bringen wir eine gewisse Ordnung hinein. Der Cottage-Garten gründet sich jedoch auf der Summierung und teilweise unlogischen Platzierung von Pflanzen.

Wer diese Zufälligkeit nachahmen will, dem wird geraten, selbst aussäende Leitpflanzen einzuführen: Akelei *(Akelei vulga ris* auch in Sorten), Fenchel *(Foeniculum vulgaris),* Frauenmantel *(Alchemilla mollis),* Stockrosen *(Alcea rosea),* Schleier-Verbene *(Verbena bonariensis),* Günsel *(Ajuga repens),* Lampionenblume *(Physalis alkekengi* var. *franchetii)* ergänzt durch einjährige Blumen wie Schmuckkörbchen *(Cosmos bipinnatus)* und Scheinmohn *(Meconopsis cambrica)* in Gelb und Orange.

Schnellwachsende Kletterrosen wie 'Bobby James', 'Rambling Rector', 'Raubritter' und 'Paul Scarlet Climber' besitzen alle den Cottage-»Look« und sind ideal zum Umschlingen von Zäunen, Obstbäumen oder als Kaschierung von Hauswänden. Blühende Sträucher wie Flieder, Sommerflieder, Sommerjasmin, Weigela und Holunder gehören alle dazu und werden an den Rand des Gartens und in den Hintergrund gepflanzt.

Der ländliche Garten ist aber auch ein Kriegsschauplatz. Ständig wird der Gärtner einen Kampf gegen irgendetwas führen: die Blattläuse auf den Rosen, die Mäuse, die an Blumenzwiebeln knabbern, die Eichhörnchen und Dachse, die das Blumenbeet auf der Suche nach Leckerbissen durchwühlen. Schnecken sind eine Plage und liefern Gesprächsthemen für die Ewigkeit. Maulwürfe versetzen einen in Schrecken, und Kühe ebenso wie Rehe dringen ab und zu in den Garten ein und haben eine Vorliebe für zarte Rosenknospen. Die Liste von unerwünschten Gästen ist lang, aber statt sich selbst verrückt zu machen hilft es, einen gewissen Verlust zu akzeptieren und wie unsere Vorfahren praktische Gegenmaßnahmen zu treffen. Hierzu gehört, die Einfriedung dicht zu halten (hier kommen die Vorteile des Bauerngartens zum Tragen), Pflanzen in biologisch sinnvollen Partnerschaften zu setzen und von empfindlichen Spezies Abstand zu nehmen.

Als ein die Jahrhunderte überdauernder Gartenstil steht der Cottage-Garten abseits jeder Gartenmode. Hier dürfen Sie pflanzen was Sie wollen, Anstückelungen und Ergänzungen sind erlaubt und was in anderen Gärten als Geschmackssünde gilt, ist hier Teil des erwünschten Gesamtbildes.

Blumen ohne Grenzen: Manche Pflanzen sind einfach nicht zu bändigen, sie siedeln sich an, wo sie sich wohl fühlen. Verbene, Klatschmohn, Königskerzen, Akelei und Nachtkerzen gehören zu den »Grenzüberschreitern«, die Zäune einfach überspringen. Im ländlichen Garten ist es oft schwierig zwischen dem zu unterscheiden, was von Wind und Federvieh hereingetragen wird, und den Pflanzen, die mit Absicht gesetzt sind.

1 Auf dieser Wiese entstehen solch gemischte Gruppen: ein Teil gepflanzt – z. B. Rosen, Schafgarbe, *Linaria purpurea,* und Bartfaden, *Penstemon* – ein anderer Teil – wie »Jungfer im Grünen« und Klatschmohn – willkommene Gäste.

2 In England wurde der Cottage-Stil zu etwas Besonderem gemacht: Dies ist eine leicht nachzuahmende Gruppe aus Katzenminze, *Nepeta* x *faassenii,* Rittersporn und der Kletterrose 'Veilchenblau'. Bei den Kletterrosen ist es wichtig, Sorten mit kleinen büschelartigen Blüten zu wählen wie 'Raubritter', 'Kiftsgate' oder 'Goldfinch' .

3 Romantik und Chaos: Diese Pflanzung soll so aussehen, als ob sie »zusammengewürfelt« ist. Rittersporn, Bisenlilie, *Sisyrinchium striatum, Geranium* 'Johnsons Blue' und *Campanula latifolia* gedeihen zwischen den Ästen eines Spalier-Birnbaumes

4 Der Cottage-Garten des begeisterten Gärtners: Zwischen den Reihen des Gemüses wachsen auch die Schnittblumen – alles Ausstellungsgut für die jährliche Dorfgartenschau. Hier werden die schönsten Dahlien wie auch die besten Schnittblumen (5 Arten in einer Vase), aber auch die größten Zwiebeln und längsten Karotten prämiert. Solche Schauen sind das Rückgrat der britischen Gartenkultur.

1

2

3

4

Der ländliche »Look« – ein Glück aus der Tüte: ein- und zweijährige Stauden locker durchmischt, selten in großen Gruppen, sondern einzeln, höchstens in Dreiergruppen verteilt. Sonnenhut, *Rudbeckia hirta* 'Asian', Bechermalve, *Lavatera* 'White Cherub', Kosmeen, Blaunessel und Lobelien: alles selbst gezogen, unter Nachbarn ausgetauscht oder auf dem jährlichen dörflichen Pflanzenmarkt erworben. Diese Sub-Gartenkultur sichert das Gedeihen dieses Gartenstils. Er ist nicht von großen Gartencentern oder Supermärkten gesteuert, sondern existiert durch die Leidenschaft für Pflanzen.

(Nächste Doppelseite)
Üppige Farbschichten in einem makellosen Cottage-Vorgarten: In den vollgepflanzten Beeten ist alles auf Schau ausgerichtet. Eine kunterbunte Melange aus Hochstamm-Fuchsien der Sorte 'Perry's Park', mit verschiedenen Sorten Studentenblumen, *Tagetes*, in Reihen gepflanzt, dazu Leberbalsam, *Ageratum*, durchsprenkelt mit Petunien und Begonien im Mittelfeld. Im Hintergrund hängen Ampeln übervoll mit Begonien – einfach beeindruckend.

Signaturblumen im Cottage-Garten
(* selbst aussäend)

Stauden
(meist in Arten und Sorten)

Acanthus mollis, Bärenklau
Achillea filipendulina, Gelbe Schafgarbe
Aconitum napellus, Berg-Eisenhut
Alcea rosea, Stockmalve
Alchemilla mollis, Frauenmantel
Alstroemeria, Inkalilie
Alyssum, Steinkraut
Anchusa, Ochsenzunge
Anemone, Herbstanemone
Aquilegia vulgaris, Akelei*
Aster, Aster
Brunnera macrophylla, Kaukasus-Vergissmeinnicht
Campanula, Glockenblume
Centranthus ruber, Spornblume*
Dahlia, Dahlie
Delphinium, Rittersporn
Dianthus, Bartnelken
Dicentra spectabilis, Tränendes Herz
Digitalis, Fingerhut*
Doronicum, Gamswurz
Echinacea purpurea, Purpur Sonnenhut
Echinops ritro, Kugeldistel
Erigeron, Berufkraut
Euphorbia, Wolfsmilch
Geranium, Storchschnabel
Gyposphilia paniculata, Hohes Schleierkraut
Helenium autumnale, Sonnenbraut
Helianthus decapetalus, Stauden-Sonnenblume
Helleborus niger, Christrose
Helleborus orientalis, Nieswurz
Hemerocallis, Taglilie
Hesperis matronalis, Nachtviole*
Iris, Schwertlilie
Knautia macedonica, Knautie
Kniphofia, Fackellilie
Lavandula, Lavendel
Leucanthemum-Maximum-Hybriden, Garten-Margerite
Lilium, Lilien
Linaria purpurea, Leinkraut
Lupinus polyphyllus, Staudenlupine
Lychnis coronaria, Lichtnelke
Malva, Malve
Meconopsis cambrica, Gelber Scheinmohn*
Monarda didyma, Bergamotte
Myrrhis odorata, Süßdolde
Nepeta, Katzenminze
Paeonia, Pfingstrose
Papaver, Mohn
Penstemon, Bartfaden
Phlox, Flammenblume
Physalis alkekengi var. *franchetii*, Lampionblume*
Polemonium caeruleum, Jakobsleiter
Polygonatum-Hybriden, Salomonssiegel
Primula, Primel
Pulmonaria officinalis, Lungenkraut
Rudbeckia, Sonnenhut
Salvia, Salbei
Santolina chamaecyparissus, Heiligenkraut
Scabiosa caucasica, Kaukasus-Skabiose
Sidalcea, Präriemalve
Silene dioica, Rote Lichtnelke
Sisyrinchium striatum, Binsenlilie
Solidago, Goldrute
Stachys byzantina, Ziest
Teucrium fruticans, Gamander
Thalictrum aquilegifolium, Amstelraute
Trollius, Trollblume
Verbascum, Königskerze*
Veronica, Ehrenpreis
Viola tricolor, Stiefmütterchen

Einjährige Pflanzen

Antirrhinum, Löwenmäulchen
Borago officinalis, Boretsch
Calendula, Ringelblume
Cheiranthus cheiri, Goldlack
Cosmos, Kosmea
Eschscholzia californica, Kalifornischer Mohn*
Helianthus, Sonnenblume
Helichrysum, Strohblume
Heliotropium, Vanilleblume
Iberis, Schleifenblume
Lathyrus odoratus, Duft-Wicke
Lavatera trimestris, Bechermalve
Lunaria annua, Silberblatt*
Myosotis, Vergissmeinnicht
Nicotiana sylvestris, Ziertabak
Nigella damascena, Jungfer im Grünen
Papaver rhoeas, Klatschmohn*
Salvia farinacea, Mehliger Salbei
Tropaelum majus, Kapuzinerkresse
Verbena bonariensis, Schleier-Verbene*
Zinnia, Zinnie

Ziersträucher und Kletterpflanzen

Buddleia davidii, Schmetterlingsstrauch
Lonicera, Heckenkirsche, Geißblatt
Philadelphus, Gartenjasmin
Ribes sanguineum, Blut-Johannisbeere
Rosa, Kletter- und Strauchrosen wie 'Kiftsgate', 'Rambling Rector', 'Raubritter'
Sambucus, Holunder
Syringa vulgaris, Flieder
Viburnum, Schneeball
Weigela, Weigelie

Malen mit Blumen

Prachtrabatten nach englischer Art

Prachtbeete im Stil von Gertrude Jekyll, wie hier in The Priory, Kemerton, werden in England landauf, landab imitiert. Die Elemente des Cottage-Gartens wurden aufgenommen, höhen- und farbmäßig gegliedert und nach gärtnerischen Prinzipien neu gestaltet – jede Pflanze für sich in einem imponierenden Ensemble. Das Ganze soll nur aus drei Blickwinkeln gesehen werden: Frontal aus der Entfernung – quasi als impressionistisches Gemälde –, aus der Nähe und seitlich, wobei die Länge besonders betont wird. Die Gestalt einer Pflanze und die Pracht ihrer Blüten diktieren ob sie als Solitär, wie beispielsweise die Fackellilie, *Kniphofia,* oder in Bändern, wie Fetthenne, *Sedum,* und Dahlien vorkommen. Dazwischengestreut werden Frühlingszwiebeln, die die spätere Blütenpracht ankündigen, und Sommerzwiebeln, die die farbliche Massierung noch mehr unterstreichen. Die Pflanzpläne solcher Beete wie auch die Pflanzlisten sind komplex und entsprechend der Vielfalt und oft unüberschaubar.

Beeindruckend und großartig – kaum etwas kann eine englische Staudenrabatte an Blütenpracht übertreffen. Ob Einzel- oder Doppelbeet, diese überwältigenden Kompositionen sind ein absoluter Höhepunkt gärtnerischer Glanzleistung. Sie stehen ohne vergleichbare Konkurrenz da – eine meisterhafte Verschmelzung von Kunst und Können.

An der Spitze dieser außergewöhnlichen Gartenkunst stehen die Blumengärten, die Gertrude Jekyll Ende des 19. und Anfang des 20. Jahrhunderts in Zusammenarbeit mit dem Architekten Edwin Luytens geschaffen hat. Hier wurde das Ländliche mit dem Architektonischen kombiniert, die strengen Linien der Gebäude durch großzügige Vegetation entschärft, altvertraute Gartenblumen neben neue moderne Züchtungen gestellt.

Auch wenn nur noch wenige ihrer Gärten vollkommen intakt sind, ist nach über 100 Jahren ihr Einfluss in England in berühmten beispielhaften Gärten wie Hidcote Manor, Sissinghurst Castle, Great Dixter und Hadspen immer noch spürbar. Generationen von begeisterten Gärtnern wurden von diesen inzwischen klassischen Blumengärten inspiriert, denn sie verkörpern das Ideal des englischen Gartenstils und seiner Gartenkultur.

Aufbau und Proportion: Fast wie mit einem Lineal gezeichnet, bildet das Beet ein Dreieck. Eine schützende, hier 3 Meter hohe Ziegelmauer, ist gleichzeitig Begrenzung, Stütze, neutraler Hintergrund und Wuchsfläche. Eine Einfriedung dieser Größenordnung, egal ob sie gebaut oder gepflanzt ist, ist Voraussetzung. Dabei sollte die Breite, Höhe und Länge in den richtigen Proportion zueinander stehen. Je höher die Rabatte, desto breiter und länger muss sie sein. Jede Pflanze hat den ihr zugewiesenen Platz im Beet. Entscheidend ist die Gestalt der Pflanze und die Farbe und Form der Blüte.

- Vorne in der ersten Reihe: niedriger, kugelartiger Wuchs, wie Frauenmantel, Storchschnabel und Katzenminze.
- In der Mitte aufrechte buschartige Formen: Schafgarbe, Phlox, Sonnenbraut und Gartenmargeriten.
- Hinten aufrechte, in die Höhe strebende Arten: Königskerzen, Rittersporn und Fingerhut.

Prachtrabatten als Ausdruck eines Lebensstils

Warum trifft gerade diese Gartenform auf so viel Resonanz und ist so dauerhaft? Was zeichnet diese Gärten aus und wieso kann eine Blumenrabatte allein einen ganzen Garten prägen? Die Blumenrabatten sind weder einfach zu planen noch leicht auszuführen und sind noch dazu sehr pflegeintensiv. Einen Garten dieser Art anzulegen ist eine Herausforderung, setzt Pflanzenkenntnisse und Liebe für das Wachsende voraus. Denn ohne die Höhe, Blütezeit und Farbe der Arten zu kennen ist man verloren. Wer es mit diesem Stil des Blumengartens ernst meint, muss sich seinen Pflanzen widmen. Immer wieder jäten, gießen, stützen, schneiden und teilen gehört zum rigorosen Pflegeregime.

Dass solche Gärten einen besonderen Stellenwert nicht nur in ihrer Heimat England, sondern weit über die Landesgrenzen hinaus haben, ist vielleicht auf das Ambiente, das sie erzeugen, zurückzuführen. Allein der Begriff »englischer Garten« wird heutzutage mit einem Lebenstil von 5-Uhr-Tee, gepflegtem ländlichem Leben und Romanen von Agatha Christie und Rosamunde Pilcher verbunden. Als wollte man eine inzwischen fast verlorene Zeit zurück holen, verkörpert dieser Gartenstil eine romantische, sanfte, langsame Lebensweise wie vor 100 Jahren. Es dürfte keine Überraschung sein, dass damals ein Haus von Lutyens mit einem Garten von Jekyll als Inbegriff von Geschmack und Wohlstand heißbegehrt war.

Eine Gegenwelt zum Fortschrittsglauben

Nichts entsteht ohne Grund, und um diesen Gartenstil zu verstehen, muss man sich gut 100 Jahre zurückversetzen. In Zeiten technologischen Fortschritts erinnert man sich gern an das Ursprüngliche und holt Inspirationen aus der Vergangenheit. Uns geht es heute nicht viel anders als unseren Vorfahren in der aufstrebenden Zeit Ende des 19. Jahrhunderts.

Damals, in der Überfülle ständiger Neuerungen, die sich auch in die Gärten drängte, war man allgemein auf Perfektion, das Neuartige, das Exotische und das Besondere fixiert. Der gutbürgerliche Garten war wie ein Schaukasten der betriebsamen neuen Welt. Pflanzenarten aus aller Herren Ländern wurden nebeneinander gesetzt, Stilrichtungen kombiniert, Beete in hoch komplizierten Formen angelegt, bestückt mit schrillen leuchtenden Pflanzen.

Weil diese Gärten überladen, künstlich und unpersönlich waren, suchten Gartenkünstler nach anderen weichen, zarten und dem Ort angemessenen Alternativen. Sie entwickelten

Merkmale der Prachtstaudenrabatte

- *Lange, gerade, breite Beete (mindestens 3–5 Meter breit und 10–30 Meter lang)*
- *Hauptattraktion des Gartens mit Fern- und Frontalwirkung*
- *Eine künstlerisch gestaltete Einheit von lässig eleganter, pointillistischer Farb- und Formenharmonie*
- *Komplizierter Aufbau: Dreieck-Staffelung, niedrige Spezies vorne, hohe hinten, mittelhohe dazwischen, in bänderartiger Pflanzung mit Wiederholung von Leitstauden*
- *Hauptsächlich mit winterharten Stauden bestückt, einzelne Ziersträucher, Lücken mit Beetpflanzen gefüllt*
- *Ein Garten mit Höhepunkt im Sommer*
- *Striktes Pflegeregime*
- *Kostenintensiv*

Grundvoraussetzungen

- *Mittelgroßer oder großer Garten*
- *Frei stehende, windgeschützte, sonnige Lage*
- *Dunkelmatter Hintergrund einer hohen Eibenhecke oder Mauer*
- *Sauberer unkrautfreier Boden*
- *Zeit und Geduld bis zur Entfaltung (2 bis 3 Jahre)*

Signaturblumen für englische Prachtrabatten
(meist in Arten und Sorten)

Stauden

Acanthus, Bärenklau
Achillea, Schafgarbe
Aconitum napellus, Berg-Eisenhut
Alchemilla mollis, Frauenmantel
Alstroemeria, Inkalilie
Anchusa azurea, Ochsenzunge
Aquilegia, Akelei
Artemisia, Beifuß
Aster, Aster
Calamintha, Steinquendel
Campanula, Glockenblume
Centranthus ruber, Spornblume
Crambe cordifolia, Meerkohl
Delphinuim, Rittersporn
Dicentra spectabilia, Tränendes Herz
Digitalis, Fingerhut
Echinacea purpurea, Purpur-Sonnenhut
Echinops ritro 'Veitch's Blue', Kugeldistel
Eryngium gigantem, Elfenbeindistel
Euphorbia, Wolfsmilch
Gaura lindheimeri, Prachtkerze
Geranium, Storchschnabel
Gypsophila paniculata, Hohes Schleierkraut
Helenium, Sonnenbraut
Helianthemum, Sonnenröschen
Heliopsis helianthoides, Sonnenauge
Hemerocallis, Taglilien
Hesperis matronalis, Nachtviole
Iris, Schwertlilie
Kniphofia, Fackellilie
Lavandula, Lavendel
Lavatera, Buschmalve
Leucanthemum-Maximum-Hybriden, Garten-Margerite
Lupinus, Lupine
Lychnis coronaria, Lichtnelke
Lysimachia clethroides, Schneefelberich
Monarda-Hybriden, Indianernessel
Myrrhis oderata, Süßdolde
Nepeta, Katzenminze
Oenothera, Nachtkerze
Origanum, Dost
Papaver orientale, Türken-Mohn

Stilrichtungen, die das örtliche Klima, die Bodenverhältnisse und auch die natürlich vorkommende Vegetation berücksichtigten. Die Inspiration kam einerseits von den Cottage-Gärten, andererseits von Wäldern und Heckenrändern, wo Wildstauden wachsen durften, wo Blumen in Ritzen und auf Mauerwerk geduldet waren und wo vor allem Blüten in zarten Farbtönen vorkamen. Es war eine Zeit des Umdenkens.

Vorreiter der neuen Richtung war der irische Gärtner, Autor und Journalist William Robinson (1838–1935). In seinen Veröffentlichungen setzte er altbekannte Gartenblumen und bescheidene Wildstauden, die er am Weg- und Waldrand und in den Wiesen fand, in ein neues Licht. In seiner Publikation »Eine Suche nach verlorenen Blumen« stellte er die Weichen für einen neuen bedeutenden Gartenstil. Parallel dazu fing die englische Künstlerin Gertrude Jekyll (1843–1932) an, mit der Bepflanzung ihres Gartens in Munstead Wood zu experimentieren. Beeinflusst durch ihre künstlerische Ausbildung, Kindheitserinnerungen an Gärten auf dem Lande und ihr Fingerspitzengefühl für Farbgebung entwickelte sie einen Blumengartentypus, der heute noch gültig ist.

Der ländliche Garten wird salonfähig

Die Romantisierung des ärmlichen und bescheidenen Cottage-Gartens und seine Verwandlung in ein gutbürgerliches Blütenensemble entsprach der sozialen und künstlerischen Richtung der Zeit. Das »Ländliche« wurde neu entdeckt, und eine ganze Industrie wurde um das Landleben aufgebaut. Auch der Garten wurde neu bewertet und passend zu den Landhäusern, die wie Pilze im Umkreis von größeren Städten wuchsen, gestaltet. Die rustikalen Elemente des Cottage-Gartens wurden verfeinert und salonfähig gemacht, die Farbgebung wie auch die Verteilung der Pflanzen geordnet und die Außenanlagen wie bewohnbare Freiflächen behandelt. Im Mittelpunkt aber standen die Prachtrabatten.

Statt zufällig und verstreut wurden die Stauden nun nach Höhe, Wuchsform und Farbe gegliedert: die niedrigen Pflanzen vorne, die höheren in die hinteren Reihen. Durch den etagenartigen Aufbau und durch ausgeklügelte Wechselwirkungen verdeckt eine anwachsende Staude die verwelkenden Blätter einer anderen. Kaum ist eine Pflanze verblüht, übernimmt ein Nachbar die Führung. Überlappung und Vielschichtigkeit innerhalb des Höhenrasters sind Kernaspekte dieser Pflanzung. Dieser Schicht-für-Schicht-Aufbau beansprucht die Fähigkeiten des Gärtners, verlangt Arbeitseinsatz und Zeit. Die Grundvoraussetzungen sind hervorragende gärtnerische Kenntnisse, nicht nur was die Eigenschaften der Pflanzen selbst und deren optimalen Einsatz angeht, sondern auch die Vorbereitung der Böden und die spätere Pflege.

Prachtbeete leben auch von den Details und der Präsentation der Blüten als Kunstwerk.

1 Fackellilie, *Kniphofia uvaria*, auch Raketenblume genannt, ist eine bedeutende Pflanze im Prachtbeet und kommt in vielen Arten und Sorten vor.

2 Kuppelartige Wuchsformen und verfeinerte Wildstauden: weiße Spornblume, *Centranthus ruber* 'Albus', Nelkenwurz, *Geum*-Hybride und *Geranium psilostemon*, kombiniert mit Binsenlilie, *Sisyrinchium striatum*.

3 Harmonische Farbkompositionen, wobei ein Farbthema in das nächste übergeht, sind ein Markenzeichen der Prachtbeete. Dahlien kommen in so vielen Blütenformen und Farben vor, dass es für jede Farbzusammenstellung die passenden gibt. Die Begleitpflanzen sind enbenfalls wichtig, hier blaulila *Verbena bonariensis*.

4 Feurigrote Komposition: die mächtige *Canna indica* 'Le Roi Humbert', *Lobelia* 'Will Scarlet' und 'Queen Victoria' zusammen mit *Rosa* 'Frensham' und den architektonischen Blättern von *Cordyline australis purpurea*.

1

2

3

4

Erst wenn man Prachtbeete aus der Nähe betrachet, kann man den Aufbau entschlüsseln. Dabei ist trotz der Gesamtwirkung jeder Abschnitt ein Bild für sich. Hier ein etwa 3 Meter langer Teil aus dem Beet auf Seite 60 im Hochsommer.

- Das Farbthema ist warmes Orangegelb zwischen rosa Farbpartien übergehend in Purpurlila im Vordergrund und Weiß im Hintergrund. Die Abfolge der Farben ist äußerst wichtig. Kräftige Farben sollten laut Gertrude Jekyll stets in ruhige Farben übergehen.
- Ein Kulissenaufbau mit bühnenartiger Wirkung: Die Leitstaude *Kniphofia* begleitet vorne von Vanilleblume, *Heliotropium,* Sonnenhut, *Rudbeckia,* Mangold 'Ruby Chard,' Indianernessel, *Monarda* und Ziertabak. In der zweiten Reihe Sonnenbraut, *Helenium,* Dahlien und Schafgarbe. Als Abschluss eine Massenpflanzung von unter anderem hohem Riesen-Sonnenhut, *Rudbeckia maxima.*

Prachtbeete lassen sich nicht auf kleinen Flächen realisieren. Sie leben von der Fülle, den großzügigen Dimensionen und der Wiederholung von Farbthemen. Um überhaupt zur Geltung zu kommen, müssen die Beete eine gewisse Breite, minimal 3 Meter und eine Länge von 10 bis 200 Meter haben, je länger desto imponierender. Zu Jekylls Zeiten waren ausreichend Arbeitskräfte vorhanden, die sich den intensiven Pflanzflächen widmen konnten. Heute ist ein guter Gärtner mit Fachkenntnissen Mangelware, und so bleibt der englische Blumengarten den Enthusiasten vorbehalten. Wie die vielen herausragenden Gärten beweisen, gibt es ausreichend begeisterte Gärtner, vor allem Gärtnerinnen, die freiwillig ihre Zeit dafür opfern.

Lichtwirkung und Farben wie auf Gemälden

Was die Erscheinung dieser Prachtbeete prägt, ist die Pflanzenauswahl und ihre Farbgebung. Gertrude Jekylls bleibender Verdienst ist die Übertragung der Farbenlehre des französischen Chemikers Michael Chevreul auf die speziellen englischen Lichtverhältnisse im Garten. Das typische, leicht diesige und milchige englische Sommerlicht lässt die Farben anders wirken als beispielsweise im klaren und scharfen Mittelmeerlicht. Das Arbeiten mir Farben ist subtil: Manche Farben verschwinden neben einer anderen oder wirken völlig verändert und nicht jede beliebige Kombination ist möglich.

Durch Beobachtung sammelte Jekyll Erfahrungswerte, die sie in ihrer Pflanzung umsetzte und in ihren Büchern wie »Colour Schemes for the Flower Garden« als bleibende Ratschläge hinterließ. Zu Recht mit impressionistischen Gemälden verglichen, wirken die Beete mit ihrer Verschmelzung von Farben und bedachter Verwebung von Schattierungen zu ihrem Höhepunkt im Sommer aus der Entfernung wie ein Farbschimmer.

Weiß, eine reine Farbe, wird als Grundlage für viele Kompositionen verwendet, zum Beispiel in der klassischen Kombination von blauer Katzenminze *(Nepeta* x *faassenii)* und weißem Schleierkraut *(Gypsophila paniculata)*. Harmonische zarte Pasteltöne, unter anderem Rosa-Weiß, Grau-Blau oder Gelb-Orange-Creme, durch die das Auge von einer Farbe zur anderen geleitet wird, kommen oft in der Pflanzung vor. Krasse Gegensätze wie Rot neben Blau werden vermieden. Zwischeneinlagen von Purpur-Lila neben Blau oder Rot mit Orange flankiert, sichern die Farbharmonie.

Grün ist eine wichtige bindende Farbe. Im Prachtbeet kommen die verschiedenen Grüntöne des Laubwerks von gelblichgrünem Gold-Holunder (*Sambucus canadensis* 'Aurea'), graugrünem Lavendel oder silberigem Ziest (*Stachys byzantiana* 'Silver Carpet') zum Tragen. Wer die Grundgedanken dieser Farbharmonie versteht, ist auf dem besten Weg zur Realisierung.

Penstemon-Hybriden, Bartfaden
Perovskia artriplicifolia, Blauraute
Phlomis, Brandkraut
Phlox, Flammenblume
Rudbeckia, Sonnenhut
Salvia, Salbei
Santolina chamaecyparissus, Heiligenkraut
Sedum, Fetthenne
Sisyrinchium striatum, Binsenlilie
Stachys, Ziest
Thalictrum, Wiesenraute
Tradescantia x andersoniana, Dreimasterblume
Verbascum, Königskerze
Verbena bonariensis, Schleier-Verbene
Veronica, Ehrenpreis

Einjährige und Beetpflanzen

Begonia, Begonie
Cosmos, Kosmea
Helianthus, Sonnenblume
Heliotropium, Vanilleblume
Nicotiana, Ziertabak
Nigella damascena, Jungfer im Grünen
Tagetes, Studentenblume
Zinnia, Zinnie

Geophyten

Allium, Lauch
Camassia, Prärielilie
Crocosmia, Montbretie
Dahlia, Dahlie
Eremurus, Steppenkerze
Fritillaria imperialis, Kaiserkrone
Gladiolius, Gladiole
Iris, Schwertlilie
Lilium, Lilie
Muscari, Traubenhyazinthen
Narcissus, Narzisse
Tulipa, Tulpe

Ziersträucher und Kletterpflanzen

Ceanothus, Säckelblume
Clematis, Waldrebe
Philadephus, Gartenjasmin
Rosa, Kletter- und Strauchrosen
Syringa, Flieder
Yucca filamentosa, Palmlilie

Was zählt ist das Gesamtbild

Die Beete werden aber nicht von der Farbe allein bestimmt, sondern auch von der Massierung und Verteilung der Pflanzen. Für uns sind sich wellenartig wiederholende Bepflanzungen keine Neuheit mehr, aber damals waren sie revolutionär. Langgezogene, leicht gebogene Bänder von Pflanzen mit ähnlicher Wuchshöhe, fast parallel zum Verlauf der Beete, werden miteinander verflochten und wiederholen sich in Abständen. Nur besondere Leitstauden wie Meerkohl *(Crambe cordi-folia)* und Strauchrosen werden als Solitäre in den mittleren bis hinteren Teil des Beets gestellt, die Enden mit Stechpalmen *(Ilex)* oder Palmlilie *(Yucca filamentosa)* betont. Regelmäßigkeit in scheinbarer Unregelmäßigkeit, wie von lockerer Hand zufällig gestaltet, ist das Wahrzeichen. Auf keinen Fall darf das Beet steif wirken.

Wer sich Fotos von solchen Beeten genau anschaut, merkt dass sie auch von Kontrasten in den Formen leben. So sind Polsterpflanzen wie Fetthenne, und große Kerzen wie Rittersporn, Fingerhut oder Stockrosen jeweils rhythmisch verteilt.

Empfindliche Pflanzen können durchaus, den örtlichen Klima- und Bodenverhältnissen entsprechend, durch Ersatzarten ausgetauscht werden. Wichtig ist dabei Aufbau, Verteilung und Farbharmonie beizubehalten. So ist es sinnvoll, sich nicht auf einzelne Pflanzen zu versteifen, sondern den Gestaltungsstil sinngemäß zu interpretieren.

Pflanzpläne und Mengenberechnungen

Die englischen Prachtrabatten sind von ihrem strengen dreieckigen Aufbau geprägt. Alles hat seinen Platz: Sortiert nach niedrigen, mittleren und hohen Arten werden die Pflanzen entsprechend gruppiert. Das rechteckige Beet wird je nach Breite in 3 bis 5 Längsstreifen unterteilt. In der hintersten Reihe stehen die hohen Stauden, blühende Sträucher und Kletterpflanzen (wenn nötig mit Rankhilfen). 1,50 bis 2 Meter lange bananenartig gebogene Bänder werden über das übrige Grundraster gelegt. Jedes dieser Bänder hat in der Regel Platz für 8 bis 12 Pflanzen. Sie geben dem Beet Gewicht und werden von kleineren Gruppen – Pulks von 3 bis 5 Pflanzen wie beispielsweise Astern, Lichtnelken *(Lychnis coronaria),* Indianernessel *(Monarda),* Fackellilien *(Kniphofia),* Dahlien, Taglilien *(Hemerocallis)* – in der Beetmitte unterbrochen. Dazu kommen einzelne große Solitärstauden, die entweder in die Beetmitte oder in eine der hinteren Reihen gesetzt werden können.

Niemand, auch nicht der beste Gärtner, schafft es, ein Prachtbeet in einem Wurf zu gestalten. Ein Pflanzplan ist unbedingt notwendig, nicht nur für die Mengenermittelung und

Die Lichtverhältnisse sind entscheidend für unsere Wahrnehmung der Farben. Im milchigen, diesigen Sommerlicht erscheinen die Farben blasser und schmelzen fast zusammen. Die Umrisse der einzelnen Blüten sind unscharf und werden wie in einem impressionistischen Gemälde nur suggeriert.
Die Spornblume, *Centranthus ruber,* schließt sich in der Farbgebung der Rose an. Die Königskerze, *Verbascum,* schießt hoch wie ein Pinselstrich und nimmt die zarten Töne vom Zittergras, *Briza media,* mit auf. Salbei, *Salvia officinalis* 'Purpurascens', bildet einen guten Übergang zu den Pink- und Blau-Partien, die sich fast im Hintergrund auflösen.

1

2

3

4

5

6

7

8

9

Wegen der Vielfalt an Sorten, die ein Prachtbeet bestücken, ist es schwierig, typische Pflanzen zu benennen. Dennoch tauchen manche wegen ihrer intensiven Farben und Formen stets wieder auf.

1 Spornblume und Sonnenhut oder wie hier die Fackellilie – ob klein und zierlich oder dominant – sind fast immer vertreten.

2 Auch wenn nach Gertrude Jekyll Blau und Rot nie direkt zusammenstoßen sollten, hat diese Kombination doch einen gewissen Reiz: *Delphinium* 'Faust' mit Hochstamm *Rosa* 'Evelyn Fison'.

3 Montbretie, hier *Crocosmia masoniorum* 'Lucifer', ist häufig dabei.

4 Ebenso die Pfingstrose in hunderten Kultursorten. Diese mit ihrer einfachen Blütenschale und auffallenden Staubfäden wird durch Wolfsmilch, *Euphorbia seguieriana,* auf hervorragende Weise abgesetzt.

5 Telekie, *Telekia speciosa,* bis 2 Meter hochragend, gedeiht im Halbschatten und gehört wie die lichtliebende Stauden-Sonnenblume, *Helianthus,* in die hintere und höchste Reihe.

6 Taglilien, *Hemerocallis,* haben ihren Platz in der mittleren Reihe. Auch hier gibt es ein enormes Angebot an Züchtungen.

7 Roter Fingerhut, *Digitalis purpurea,* und Rittersporn, *Delphinum,* sind durch ihre Größe Kinder der letzten Reihe.

8 Buschmalve, *Lavatera,* und mehliger Salbei, *Salvia farinacea* 'Victoria'.

9 Zierlauch, hier *Allium* 'Purple Sensation', aber auch *Allium atropurpureum* und *Allium christophii,* ist beliebt wegen seiner Farbe und besonderen Form.

Bestellung der Pflanzen, sondern auch für die Realisation. Was die Ausführung angeht, gibt es einfache Grundregeln, die Fachkräfte während ihrer Ausbildung lernen und Laien sich aus Zeitschriften zusammenstellen. Einige dieser allgemeinen Punkte sind unter Rabattenregeln, Seite 128ff. aufgeführt.

Wegen der umfangreichen Anzahl der Arten, die notwendig sind um diese Blumenrabatten zu verwirklichen, ist es wichtig, so genau wie möglich zu planen. Pflanzlisten in Büchern bestehen häufig leider nur aus Namen. Sie sind nur Hinweise und geben meistens weder Stückzahl pro Quadratmeter noch Proportionen an. Sie sind vergleichbar mit Kochrezepten, die nur die Zutaten ohne Mengen und Anleitung angeben, daher sind sie schwierig in den eigenen Garten zu übertragen. Während der Fachmann hier Erfahrungswerte einsetzen kann, bleibt dem Laien nur die »Versuch und Irrtum«-Methode. Bei solch üppiger Beetgröße und den notwendigen Stückzahlen kann dies eine kostenspielige Schulung werden.

Jetzt habe ich zwar die Namen, aber wie geht es weiter?

Schaut man sich die Bilder von Prachtrabatten genauer an, merkt man, dass zwar eine Vielzahl von Pflanzen verwendet wurde, sie aber über das Gesamtbeet immer wiederkehren. So ist es nützlich, sich eine Matrix herzustellen – also erst eine Teilfläche zu planen –, die Mengen hierfür zu ermitteln und sie als Grundbaustein zu verwenden, der mehrmals wiederholt werden kann. Die Anzahl von Stauden pro Quadratmeter kann man Standardwerken wie »Die Staude und ihre Lebensbereiche in Gärten und Grünanlagen« von Richard Hansen und Friedrich Stahl entnehmen.

Die zusätzliche Schwierigkeit bei der Mengenermittlung ist, dass man nicht nur eine Unmenge von Arten hat, sondern auch entscheiden muss, wie dicht man pflanzen will. Stehen die Pflanzen dicht nebeneinander, wird das Unkraut verdrängt, und es ist für einen Anfangseffekt gesorgt. Die Fläche muss aber spätestens im zweiten Jahr ausgelichtet werden. Entscheidet man sich für die kostengünstige Lösung, so ist sie, was das Unkrautjäten angeht, arbeitsintensiver, aber jede Pflanze kann sich optimal entwickeln.

Wichtig ist, den Geist dieses Gartenstils einzufangen und nicht Bilder sklavisch nachzuahmen. Wenn eine Pflanze oder Sorte nicht erhältlich ist, sollte ein sinngemäßer Ersatz gesucht werden. Jeder von uns macht Fehler und täuscht sich bei der Bestellung gelegentlich in der Größe oder Farbe. Während solche Malheure im Cottage-Garten zum Charme beitragen, stören sie im Prachtbeet. Hier hilft nur eines: die Pflanze schnell zu entfernen, irgendwo anders im Garten zu »parken« (denn vielleicht findet sich später noch ein passender Platz) und einen entsprechenden Ersatz zu suchen.

Tipps

- *Farben mit Bedacht nebeneinandersetzen, sodass eine die andere unterstreicht und und sie sich gegenseitig komplettieren. Den Farbenverlauf vorher genau überlegen, dazu sind ein gutes Nachschlagewerk und eine große Sammlung Buntstifte ein Muss*
- *Strauchrosen über Halbkugel-Gestelle binden, um die Höhen zu begrenzen und die Blütenpracht zu steigern*
- *Tulpen in Gruppen setzen, nach Möglichkeit in Lücken mit Platz zum Entfalten. Spätblühende lilienartige Tulpen halten lang und sind robust gegen Frost und Wind, ebenso wie Papagei-Tulpen*
- *Geranien und Katzenminze nach der Blüte sofort zurückschneiden, um eine zweite Blüte zu gewährleisten. Höhere Sorten von Katzenminze wie 'Six Hills Giant' sind robuster gegen Katzen als die kleinen Sorten*
- *In den Anfangsjahren Lücken mit Beetpflanzen und einjährigen Pflanzen z. B. Ziertabak, Begonien und Löwenmaul* (Anthirrhum) *füllen*

Ein unsichtbares Korsett

Versteckt zwischen den Pflanzen des Prachtbeets und um sie herum gibt es ein unentbehrliches und zum großen Teil unsichtbares Stützgerüst von Stangen, Drähten und sogar Netzen. Wichtig für die Stabilität und aufrechte Erscheinung insbesonders der langen Beete, die Wind und Regen ausgesetzt sind, ist dieses Skelett zum großen Teil aus Metall. Die Anbringung des Gerüsts erfolgt im Spätfrühling, und jeder hat seine bevorzugte Methode für dieses Netzwerk.

Zwischen Pfosten in circa 70 Zentimeter Höhe in den mittleren und hinteren Reihen des Beets werden Verbindungsdrähte gespannt, dazu kommen Stangen und Gitter in verschiedenen Größen, die nach Bedarf angebracht werden. Ohne ein Metallkorsett würden die größten Stauden wie die Süßdolde *(Myrrhis odo-rata)* auseinander fallen und etliche Quadratmeter in Anspruch nehmen. Neben den fix installierten Stützen ist ein Vorrat an temporär einzusetzenden Teilen nützlich für Notmaßnahmen, wie etwa nach einem Sommergewitter.

Die Ganzjahreswirkung einer Prachtrabatte ist ein Mythos. Auch unter günstigsten Klimabedingungen und mit ausgezeichneten Pflanzenkenntnissen ist das nur schwer realisierbar. Es ist wesentlich sinnvoller eine atemberaubende Bepflanzung über drei Sommermonate anzustreben, als einen verwässerten immerblühenden Versuch. Das soll nicht heißen, dass die anderen Jahreszeiten wie Frühling und Herbst sich nicht im Garten ankündigen. Sie sind aber als Vorboten und Ausklang des großen Sommerspektakels anzusehen.

Frühlingsblüher wie Narzissen, Traubenhyazinthe *(Muscari)*, Tulpen, Präriekerzen *(Camassia)*, Zwergiris und Kaiserkronen *(Fritillaria imperialis)* dienen als Auftakt zur Blühsaison. Eher spärlich zwischen dem frischen Grün der anwachsenden Stauden verteilt, lassen sie den Prachtstauden ausreichend Platz, um sich zu entfalten. Der Winter ist aber in jedem Fall die ruhige Zeit, eine Chance für das Prachtbeet, sich zu erholen. Dann stehen nur die spärlichen Gehölze und wintergrünen Stauden als Erinnerung an die sommerliche Pracht.

Es gibt einen guten Grund, warum alle Vorbereitungen auf den Höhepunkt der Rabatte im Sommer hinführen. Dies hängt mit der teilweise altmodischen, aber sehr englischen Einteilung des Jahres in gesellschaftliche »Saisons« zusammen. Von Ostern bis Anfang September ist die Zeit, in der die berühmten Gärten ihre Pforten öffnen. Sämtliche sind während der Gartensaison für Besucher offen, denn man arbeitet nicht für sich allein. Juni, Juli und August sind aber die Monate, in denen man »auf dem Lande« ist, und die Sommersaison auch heute mit einer Reihe von Gartenfesten verbringt, bei denen die Prachtrabatten gleichzeitig Hintergrund und Gesprächsthema sind. Ab dem 12. August fängt die englische Jagdsaison an und damit wird traditionell die Rückkehr in die Stadt angekündigt. Danach klingt die Pracht dieser Gärten langsam aus und wird ab Oktober für den Winter und das nächste Jahr vorbereitet.

Leuchtend und dunkel: Aus dem purpurbraunen Laub sticht kräftiges Scharlach und Blutrot hervor. In allen Beeten, beeinflusst durch Gertrude Jekylls eigenartige und beeindruckende Farbzusammenstellungen, wird Wert darauf gelegt, dass die roten Töne innerhalb einer Farbskala liegen. Um solche Partien zu gestalten, sind hervorragende Pflanzenkenntnisse notwendig, vor allem was die Sorten angeht. *Dahlia* 'Bishop of Llandaff', eine einfache Blüte mit gelben Staubgefäßen, ist seit ihrer Einführung 1928 ein Liebling der Gärtner, hier auch *Dahlia* 'Blaisdon Red'. Weitere markante Rotblüher sind *Lobelia cardinalis* 'Dark Crusader', Monbretie und Phlox in den Sorten 'Starfire' oder 'Spitfire' zusammen mit einjährigen Lückenfüllern wie Begonien und Geranien. Auch der Hintergrund wurde mit Bedacht gewählt. Die Hagebutten und der Perückenstrauch, *Cotinus coggygria*, nehmen die Farbgebungen auf.

(Nächste Doppelseite)
Doppelrabatten wie diese bilden den Höhepunkt der Gartenkunst. Ist es dieses Ambiente, das uns vorschwebt, wenn wir selbst Prachtbeete anlegen? Farben und Formen werden auf beiden Seiten wiederholt und führen das Auge die Rabatte entlang. Leuchtendgelbe Schafgarbe, *Achillea* 'Coronation Gold' sticht hervor und wird am Ende des Beets als Abrundung wiederholt. Rittersporn, Blutweiderich, *Lythrum salicaria*, Büschel von Musakellasalbei, *Salvia sclarea*, und Königskerzen, *Verbascum bombifolium*, wechseln sich rechts und links ab. Je länger man schaut, desto mehr entdeckt man. Beispielsweise die altrosa Inkalilie, *Alstroemeria*, und die kräftigen Gartenmargeriten 'Wirral Supreme'.

Dynamische Blöcke und Bänder

Kontinentale Blumengärten für das ganze Jahr

Gelegentlich kommt ein Gartenstil zum Vorschein, der so lebendig und dynamisch ist, dass man sich fragt, warum er nie zuvor da war. Dieses Foto ist wie ein Stillleben, aber trotzdem dynamisch. Das Beet ist alles andere als zweidimensional. Schicht auf Schicht wurde diese Pflanzung aufgebaut, um Bilder aus der Nähe und Ferne zu gestalten, nicht nur frontal und seitlich, sondern rundherum.
Piet Oudolf ist der eindeutige Meister dieses Pflanzstils. Ausgehend von den Prinzipien der standortgerechten Pflanzung mit reduziertem Pflegeaufwand und langanhaltender Wirkung verfügt er über ein umfangreiches und fachfundiertes Pflanzvokabular. In dieser Partie aus seinem Garten in Hummelo in den Niederlanden ist Engelwurz, *Angelica gigas,* die dominierende Pflanze, flankiert durch Russischen Salbei, *Perovskia abrotanoides,* und Edeldistel, *Erynigium,* in einer reduzierten Farbgebung von Lila, Magenta, Blond und neutralem Blaugrau.

Wie oft schaut man über die Grenzen und übersieht dabei, was das eigene Land zu bieten hat? Seit der Entdeckung des so genannten »kontinentalen« Staudenstils werden deutsche und niederländische Gärten in einem neuen Licht gesehen.

Deutsche Gartenschauen wie auch die Sichtungsgärten der Gärtnereien zeigen nicht nur die neuesten Züchtungen, sondern stellten seit einigen Jahren die Weichen für einen neuen, eigenständigen Blumengartenstil. Mit ihren charakteristischen großzügigen, standortgerechten Pflanzungen von Stauden, Gräsern und Zwiebelblumen in dynamischen, spannungsvollen und dennoch harmonischen Partien erregt dieser Stil seit Jahren Aufsehen in Fachkreisen. Allmählich wird auch das allgemeine Publikum im In- und Ausland auf dieser Form von Blumengärten aufmerksam.

Als neueste und richtungweisende Art mit Blumen im Garten umzugehen, spiegelt dieser Trend die zeitgenössische Suche nach einer geschickten Verschmelzung des Natürlichen mit dem Künstlerischen wider.
Die großzügige, winterharte Staudenpflanzung, ergänzt durch Ziergräser und einzelne Ziersträucher, entspricht den heutigen Anforderungen an Blumengärten: bunt, aber nicht grell, standortgerecht, aber nicht »übernatürlich«, robust, dennoch filigran, vor allem pflegeleicht und mit Ganzjahresbild.

1

2

3

4

5

6

7

8

9

Die Blüten dieses Pflanzstils zeichnen sich durch prägnante Farben und interessante Formen aus.
1 Der Purpur-Sonnenhut, *Echinacea purpurea.*
2 Die Liste von gelbblühenden Korbblütlern ist lang: Weidenblättriger Sonnenblume, *Helianthus salicifolius,* Mädchenauge, *Coreopsis,* Sonnenauge, *Heliopsis helianthoides,* und viele mehr.
3 Eine alte Bekannte: Die Spornblume, *Centranthus ruber,* ist ein häufiger Gast in den Cottage- und Prachtgärten und nimmt auch hier ihren Platz ein.
4 Lampenputzergras, *Pennisteum,* ist eines der Ziergräser, die bei diesem Pflanzstil eine wichtige Rolle spielen. Ihre Blühähren werden wie Blüten behandelt.
5 Die filigranen, zierlichen Lanzen von Kandelaber-Ehrenpreis, *Veronicastrum viginicum,* sind auch in den zarten Schattierungen von 'Alba', 'Pink Glow' und 'Fascination' (violett) erhältlich.
6 Kerzen- oder lanzenartige Blütenrispen wie hier der Lavendel, Katzenminze oder – für hohe Partien – Blutweiderich, *Lythrum,* oder Prachtscharte, *Liatris* sind wichtige vertikale Gestaltungselemente
7 Goldrute, *Solidago,* wird oft mit Bahndämmen und Brachland in Verbindung gebracht. Diese etwas aggressive Staude war Ende des 19. und Anfang des 20. Jahrhunderts als Kulisse im Prachtbeet beliebt. Jetzt wurde sie wegen ihrer Robustheit, Trockenheitsresistenz und der herrlichen Farben neu entdeckt.
8 Die Blüten des Brandkrauts, hier *Phlomis tuberosa,* sind wie die Kränze eines Maibaums etagenartig um den Stiel angeordnet.
9 Die Königskerze, hier *Verbascum chaixii* 'Cotswold Queen', wirkt en masse wie ein Schleier.

Die Einheit der Blüte mit dem Standort

Einen guten Gärtner zeichnet aus, dass er die für den Standort richtige Pflanze auswählt. Wie wichtig dieser Grundsatz ist, haben wir alle irgendwann im Laufe unseres Gärtnerlebens erfahren. Wer wurde nicht von einer vielgelobten Sorte enttäuscht, die im eigenen Garten völlig anders als im Hochglanzbild des Gartenbuches aussah? Viel zu selten wird auf spezifische Wachstumsbedingungen hingewiesen oder die Tatsache, dass die ausgewählte Pflanze empfindlich gegen Wind und Bodenfrost ist. Vor allem einige zarte englische Sorten leiden, wenn sie auf das raue Festland verpflanzt werden. Ohne die maritime Luftfeuchtigkeit und die gleichmäßigen Temperaturen, die die Gärten in England auszeichnen, entwickeln sich die Pflanzen nur dürftig. Aber auch innerhalb Deutschlands sind die klimatischen Bedingungen so unterschiedlich, dass der Gärtner ortsspezifisch arbeiten sollte. Zwischen Ideen und Wirklichkeit zu unterscheiden und sich regional zu informieren gehört zu einem guten Gärtner.

England mag vielleicht ein Mekka für Gartenliebhaber sein, aber Deutschland und die Niederlande haben ebenfalls viel zu bieten. Zugeschnitten auf die örtlichen Bedingungen und deshalb übertragbar, mag die standortgerechte Pflanzung vielleicht nicht das kulturhistorische Ambiente des englischen Gartenstils haben, aber sie besitzt eine unverwechselbare subtile Schönheit. Bereits seit den 80er Jahren in Deutschland angewandt und in öffentlichen Anlagen – wie dem Westpark in München, oder in Sichtungsgärten, wie Weihenstephan bei Freising und Hermannshof bei Weinheim – zu sehen, vereinigt die so genannte kontinentale standortgerechte Pflanzung »die Blüte mit dem Ort«.

Hier stehen Ziergräser und robuste, langlebige, winterharte Stauden ergänzt mit Blumenzwiebeln in einzigartigen Kombinationen nebeneinander. Die Pflanzen stehen aus eigener Kraft, da nur standsichere, aufrechte Sorten für diese Pflanzung infrage kommen. Stützen und versteckter meterlanger Draht, notwendig um die Stauden in den klassischen englischen Rabatten aufrecht zu halten, sind hier überflüssig. Eigens für die Belange dieser Art von Garten entwickelt, sind die Stauden üppig und farbentreu in der Blüte, resistent gegen Krankheit und dennoch natürlich in ihrer Gestalt. Abgestimmt auf das kontinentale Klima mit heißen trockenen Sommern und langen Wintern mit Bodenfrost und Schneefall, halten die Stauden sommerliche Dürrezeiten ebenso aus wie Minusgrade. Ständiges Gießen im Sommer und sorgfältiges Abdecken im Winter sind nicht notwendig.

Die Blütenpracht dieses Blumengartenstils beruht auf erprobten Arten und Sorten, die in größerer Zahl zusammengepflanzt und durch einzelne herausragende Leitpflanzen gegliedert werden.

Merkmale kontinentaler Staudengärten

- *Großzügige, flächendeckende, standortgerechte Pflanzung*
- *Mittelhohe und hohe Arten in lockerer Anordung von Bändern und Inseln*
- *Winterharte, robuste, langlebige Stauden und Ziergräser mit Ganzjahresbild*
- *Ästhetische Wechselwirkung von Blütenformen und Früchten*
- *Dynamische Farbpalette von blass bis brillant mit teils gewagten Kombinationen, z.B. Blau–Rosa, Tiefrot–Purpur, Zitronengelb–Pink*
- *Pflegeleicht*
- *Durch die Auswahl von robusten und standfesten Arten keine Pflanzstützen notwendig*
- *Anpassungsfähig an historische wie auch moderne Architektur*

Grundvoraussetzungen

- *Mittlerer bis großer Garten in ländlicher oder vorstädtischer Umgebung, auch für Küstengärten geeignet*
- *Offene sonnige Lage*
- *Sauberer unkrautfreier Boden*
- *Verständnis für die Geselligkeit von Pflanzen und ihre Lebensbereiche*

Von Spezialisten entwickelt

Ohne die mühsame und liebevolle Arbeit von Staudenzüchtern während der letzten 70 Jahre wäre dieser neue Blumengartenstil nicht denkbar. An der Spitze dieser Bewegung stehen die Gärtner, die bei ihrer Suche nach verbesserten, widerstandsfähigen und robusten Sorten nicht nur eine neue Form der Staudenrabatte, sondern auch eine andere Art zu Gärtnern ins Leben gerufen haben.

Die Namen Karl Foerster, Ernst Pagels und Georg Arends sind zwar in Fachkreisen, nicht aber bei Laien bekannt. Sie leben in den Namen der von ihnen entwickelten Sorten weiter, beispielsweise den *Astilbe-*, *Aconitum-* und *Phlox-arendsii*-Hybriden von Georg Arends. Von Karl Foerster stammen viele der *Delphinium-elatum*-Hybriden ('Finsterahorn', 1937), ebenso wie *Helenium*-Hybriden ('Königstiger', 1964) und auch *Phlox*, getauft mit Namen, die sich auf den ländlichen Ursprung beziehen ('Kirmesländer', 1938, und 'Landhochzeit', 1949).

Spezialisten wie diese sind das Rückgrat der Pflanzenwelt, denn ohne ihre wertvollen Leistungen wären unsere Gärten wesentlich ärmer. So schrieb Karl Foerster »nicht von Luxuspflanzen kostspieliger Art oder schwieriger Pflege, sondern nur von Gewächsen, die ohne besonderen Pflegeaufwand gut in jedem Garten gedeihen« (»Vom Blütengarten der Zukunft«, 1922). Solche begeisterten Gärtner mit ihrer unerschöpflichen Suche nach besseren Gartenpflanzen und gekonnten Kombinationen folgten der Tradition von Gertrude Jekyll. Durch ihre Arbeit haben sie nicht nur den Blumenbeeten, sondern auch den Gärten einen eigenständigen Stil verliehen.

Heutige Staudenzüchter wie Piet Oudorf und Anja Maubach setzen diese Arbeit fort und liefern neue Züchtungen und wertvolle Impulse. Befreit von den Zwängen des Rechteck-Beets bedecken Blumen den Großteil des Gartens und nicht nur kleine Bereiche. Amorphe freifließende Beetformen spiegeln die natürliche Gestalt der Landschaft wider und erlauben einen gelassenen Umgang mit den Stauden und Ziergräsern.

Eine überzeugende Pflanzung mit wenigen Arten gestalten

Verglichen mit den englischen Prachtrabatten ist die Pflanzliste dieser Blumengartenform kürzer und übersichtlicher. Sucht man sie nach den Kriterien der Standortgerechtheit und eines guten Ganzjahresbildes aus, scheiden viele empfindliche und kurzliebige Arten aus. Man begegnet vertrauten Blumen wie Schafgarbe, Astern, Kugeldistel *(Echinops ritro)*, Indianernessel *(Monarda)*, Purpur-Sonnenhut und Sonnenbraut *(Helenium)*, aber in einer ganz anderen Zusammenstellung und Sortenauswahl. Es ist der gekonnte Einsatz der Sorten und Hybriden der diese

Ein zu Recht oft gezeigtes Bild der Schafgarben-Salbei-Pflanzung in Hermannshof bei Weinheim. Der Begriff »Wildstauden mit Beetstaudencharakter« sagt viel über die Ziele dieses Pflanzstils. Die flächendeckende Staudenpflanzung, gruppiert in Bändern und Blöcken, nimmt Rücksicht auf den natürlichen Standort der Wildstauden, von denen die gärtnerischen Züchtungen abstammen. Wenn die natürlichen Bedingungen berücksichtigt werden, haben die Pflanzen mehr Chancen auf Erfolg und erfreuen den Gärtner mit großer Blütenpracht und gesundem Wuchs, ohne dass er viel eingreifen muss. Eine klassische Kombination ist Schafgarbe, *Achillea filipendula*, in Sorten wie 'Coronation Gold' oder 'Parkers Varietät' zusammen mit Sommersalbei, *Salvia nemorosa* 'Blauhügel', 'Mainacht' oder 'Ostfriesland'.

Textur und Farbe: Die Handschrift dieser Pflanzung ist klar erkennbar – großzügig, aber mit feinen Details. Das Auge nimmt die Kompostion als abgerundetes vollendetes Bild wahr, das von einer Schönheit ist, die nicht nur für einen Augenblick, sondern lange Zeit anhält. Wasserdost, *Eupatorium purpureu* 'Atropurpureum', hoher weißer Wiesenknopf, *Sanguisorba tenufolia* 'Alba', Purpur-Sonnenhut, *Echinacea purpurea*, Indianernessel, *Monarda* in Sorten wie 'Purple Ann', und Pfeifengras, *Molinia caerulea*.

Pflanzungen auszeichnet. Dafür ist es ratsam, sich über die Attribute der einzelnen Sorten zu informieren. Wem das zu aufwändig ist, der kann sich auf die Empfehlungen von Staudenzüchtern verlassen, die die Eigenschaften ihres Sortiments sehr gut kennen.

Maßgeblich für den Erfolg dieses Pflanzstils sind die Ziergräser. Neben den winterharten Stauden nehmen sie als Mittelpunkt oder Zwischenlagen eine wichtige Rolle in der Pflanzung ein. Ihre Blühähren und Halme unterstreichen die lockere Stimmung und bilden einen wunderschönen Hintergrund zu den festgefügten geometrischen Formen der Blüten, Frucht- und Samenstände. Mit Schattierungen von Strohblond über Braun-Grün bis Tizianrot prägen die fontänenähnlichen Gestalten den Blumengarten zu allen Jahreszeiten. Sie nehmen jeden Windhauch auf, von den kalten winterlichen Nordwinden bis zu den warmen sommerlichen Südwinden und verleihen den Gärten ein unverwechselbares Ambiente.

Mittelhohe und große mächtige Ziergräser von 90 bis 200 Zentimeter mit ausgeprägten Blühähren wurden eigens für diese Art der Pflanzung gezüchtet, wie Kultivaren von Pfeifengras *(Molinia caerulea)*, Silberährengras *(Achnatherum calamagrostis)*, Riesenfedergras *(Stipa gigantea)*, Garten-Sandohr *(Calamagrostis* x *acutiflora* 'Karl Foerster') und Feinhalm *(Miscanthus sinensis)*.

Stabilität und Schönheit in der Gemeinschaft

Ein großzügiger Umgang mit Pflanzen zeichnet diese Gärten aus: wie mit breiten Pinselstrichen gemalt, ruhige waagrechte flächendeckende Bereiche durchschnitten von aufregenden, fast explosiven senkrechten Partien – eine Kombination aus Rhythmus und Dynamik. Kernpunkt dieses Stils ist das Verständnis und der meisterhafte Umgang mit der »Geselligkeit« der Pflanzen. Im Gegensatz zu den aufwändigen, forcierten und kleinteiligen englischen Prachtrabatten leben die hier ausgewählten Arten in Harmonie und Gleichgewicht miteinander. Die Eigenschaften der Arten werden dabei genutzt, um nicht nur eine schöne, sondern eine stabile und langanhaltende Blütenpracht zu erzeugen.

Grundlage für die Bepflanzung bilden Leitlinien, erarbeitet von Karl Foerster und Richard Hansen, die für Generationen von Gärtnern und Landschaftsarchitekten als Maßstab gelten. Ausgehend von ihrer Wuchsform und Wuchsstärke wurden die Stauden und Gräser in eine »Geselligkeitsskala« von I bis V eingestuft. Sie unterscheidet zwischen dominanten und großen Solitärpflanzen, wie etwa Meerkohl *(Crambe cordifolia)* oder Riesen-Federgras *(Stipa gigantea)*, und Pflanzen, die in kleineren Gruppen (Gruppenpflanzen) oder großen Gruppen (flächendeckende Pflanzen) gedeihen. Die Gruppenpflanzen werden weiter unterteilt in Pflanzen, die es lieben, in kleineren oder größeren Pulks von 3 bis 10 oder 10 bis 20 Stück einer Sorte zusammenzustehen. Diese natürliche und logische Aufteilung bestimmt das Aussehen der Pflanzfläche und die Entwicklungschancen der Pflanzen. So wird theoretisch, wenn am richtigen Platz und in richtiger Menge gepflanzt, keine Pflanze von der anderen erdrückt. Die Pflanzen leben im Gleichgewicht untereinander, der Konkurrenzkampf wird durch die richtige Platzierung und nicht durch konstanten Eingriff des Gärtners kontrolliert.

Durch die Anordnung der Pflanzen nach ihrer »Geselligkeit« wird automatisch zwischen Leit- und Begleit- und flächen deckenden Stauden unterschieden (siehe hierzu Seite 132). Dies erleichtet den Aufbau eines Pflanzplans und auch die Stückzahlberechnung. Weitere Informationen zum optimalen Standort und der Gruppierung der Pflanzen ist in dem bereits erwähnten Buch »Die Staude und ihre Lebensbereiche in Gärten und Grünanlagen« von Richard Hansen und Friedrich Stahl festgehalten: ein Standardwerk, das jeder Gärtner besitzen sollte.

Kühne Farbkombinationen

Von Ton in Ton bis zu gewagtem Kontrast besitzen die Beete eine selbstständige unverwechselbare Farbqualität. Gleichzeitig dynamisch und harmonisch nutzen die Farbkombinationen die Masse und Farbgebung der Blüten, Blätter und Halme, wie auch die Lichtqualität der Witterung vom grellen Sommerlicht zum milchigen Herbstlicht. Fast wie die Silhouette einer Großstadt stehen die emporschießenden Großstauden nur als Konturen da mit den Farbinseln der flächendeckenden Pflanzungen im Vordergrund. Durch das gruppenartige Pflanzschema sind die Farbpakete relativ leicht nachzuahmen, vorausgesetzt dass alle anderen Bedingungen, was Boden und Klima angeht, erfüllt sind.

Die klassischen Kombinationen reichen von Pink und Blond mit Wasserdost *(Eupatorium purpureum* 'Atropurpureum') und Indianernessel *(Monarda* 'Präriebrand') in Begleitung von Federgras *(Stipa)* und Goldrute *(Solidago*-Hybride) zu Fuchsia und Magenta mit Kugellauch *(Allium sphaerocephalon)* und Knautie *(Knautia macedonica)*. Die Ziergräser sind dabei stets ein wichtiges Bindeglied. Ihre feinen Farbnuancen von Herbstbraun zu Strohblond und von Blaugrau zu Silber, jeweils ausgesucht um die Farbgebung der Stauden zu unterstützen, ermöglichen ungewöhnliche Kombinationen. Sie filtern und verteilen die kräftigen Farben, wie etwa das Stahlblau der Kugeldistel *(Echinops ritro)* und das Lavendelblau der Perovskie *(Perovskia atriplicifolia)* zusammen mit Silberährengras *(Achnatherum)*.

Ebenso wie bei den klassischen Beeten wird auch in diesen Gärten Wert auf die Fernwirkung gelegt. Die Masse ergibt das Bild: schwebende, teils leuchtende Inseln und Bänder, die in ihrer Farbgebung oft an die bläulich diesige Frühmorgenstim-

Leitbilder und Einflüsse:

1 Der Erfinder des dynamischen Stils war der Gärtner und Züchter Karl Foerster. In seinem Garten in Bornim stellte er die Weichen für einen spannenden Umgang mit Stauden und Ziergräsern. Fetthenne, *Sedum*, Schleier-Verbene, *Verbena bonariensis*, und Spinnenpflanze, *Cleome*.

2 Russischer Salbei, *Perovskia abrotanoides*, nimmt einen besonderen Stellenwert in der Pflanzung ein. Ebenso wie Katzenminze ist er trockenheitsverträglich und kann den heißen Sommern des kontinentalen Klimas standhalten.

3 Kugellauch, *Allium sphaerocephalon*, kombiniert mit Edeldistel, *Eryngium planum* 'Blaukappe', ergeben eine Wiederholung der Formen und Spannung in der Farbgebung.

4 Wasserdost, *Eupatorium purpureum* 'Atropurpureum' bildet eine mächtige Kulisse.

5 Die Edeldistel, *Erynigium giganteum*, gibt auch im Winter ein schönes Bild.

6 Indianernessel, *Monarda*, ist unentbehrlich für diese Pflanzung. Manche Sorten sind Mehltau-empfindlich, aber in der Regel sind die amerikanischen Sorten wie 'Mohawk', 'Prärienacht' und 'Squaw' widerstandskräftig.

7 Chinaschilf, *Miscanthus sinensis* 'Flamingo'.

8 Engelwurz, *Angelica gigas*, ist eine prägnante Leitstaude – tief burgunderrot wie der beste Rotwein.

9 Fontänenartige Halme wie das Riesenfedergras, *Stipa giganteum*, oder das aufrechte Reitgras, *Calamagrostis* x *acutifolia* 'Karl Foerster', bilden den Mittelpunkt und das Rückgrat der Pflanzung. Ihre feinen eleganten Halme stehen im Kontrast zu den kompakten und soliden Blüten. Im Hintergrund ein Teppich aus Astern.

2

3

5

6

7

8

9

Gelb und Rot, Dolden und Knöpfe: Wiesenkopf, *Sanguisorba officinalis,* zwischen Fenchel, *Foeniculum vulgare* – eine dicht vernetzte, üppige und interessante Kombination, die sich selbst verwaltet.
Wild aber doch gezähmt haben diese neuartigen Blumengärten einen besonderen Reiz. Die gekonnt gestalteten Beete sind großzügig, voller Bewegung, aber auch mit ruhigen Partien, harmonisch, aber auch gewagt in der Zusammenstellung von Formen und Farben. Dabei ist das Pflanzensortiment im Vergleich zu den englischen Prachtrabatten reduziert und bescheiden.

mung oder an die rötlichen Schattierungen der untergehenden Sonne erinnern. Durch die Massierung der Pflanzen werden großzügige Farbeffekte erzielt. Dabei spielen nicht nur die Blütenfarben, sondern auch das Laub und die Fruchtstände eine wichtige Rolle.

Ein Blumengarten für alle Jahreszeiten

Mit Ausnahme der Geophyten (Zwiebel- und Knollenpflanzen) stehen die Blumen über die gesamte Zeit ihrer Vegetationsperiode und tragen nicht nur wegen ihrer Blüte, sondern auch wegen ihrer Gesamtgestalt zur Schönheit des Gartens bei. Im Gegensatz zu den englischen Prachtbeeten werden Stauden und wintergrüne Ziergräser erst im Vorfrühling kurz vor dem neuen Austrieb zurückgeschnitten. So bleiben die verwelkten und bräunlichen Blätter, Blüten und Fruchtstände auch im Herbst und Winter, wenn sie schon mit Raureif überzogen sind, als malerischer Teil des Gartens stehen. Melancholisch aber bezaubernd in ihren unterschiedlichen, fast monochrom braunen und grauen Tönen »blühen« diese Gärten auch in der ruhigen Jahreszeit.

Da spannungsvolle Kontraste zwischen den Formen ebenso wichtig sind wie die Farbe, ist es sinnvoll, die Pflanzen auch nach der Gestalt ihrer Blütenstände auszuwählen. Praktischer als die botanische Beschreibung ist in diesem Fall ein Vergleich mit Alltagsgegenständen wie Teller, Knöpfe und Kerzen, um sich die Formen bildlich vorzustellen. Manche Arten wie Wasserdost fallen in mehrere Katagorien und sind daher wertvolle Pflanzen, die verschiedene Funktionen ausüben können. Die tellerblütigen, wiesenhohen Arten bilden die Masse, aus der die Kerzenformen ragen. Dazwischen gibt es ruhige Partien von Pflanzenvorhängen primär mit flauschigen Rispenformen.

Eine solche Anlage braucht Platz; falls nicht der ganze Garten einbezogen wird, sollte die Mindestgröße für ein attraktives Beet 4 Meter Breite und 8 Meter Länge betragen. Planen Sie lockere und spontane Höhenabstufungen von mittel bis hoch, in der Regel ab 60 bis 110 Zentimeter, dazwischengestreut Höhepunkte bis 180 Zentimeter. Höhere Pflanzen dürfen entgegen allen sonstigen Regeln auch bis an den Beetrand hervortreten. Empfehlenswert ist die Massierung von Beetstauden mit Wildpflanzencharakter, wie Schafgarbe, Goldrute oder Kerzen-Knöterich in Gruppen von 5 bis 11 Pflanzen je nach Wuchsstärke; Kleingruppen mit nur 2 Pflanzen einer Art wirken nicht.

Da der Aufbau der Pflanzungen assymetrisch und organisch ist, hilft es, die Beete als Konturen und Schichten zu betrachten, die mal höher und niedriger sind, mal nach vorne und mal zurücktreten. Abstrakt und großzügig, jedoch mit feinen Nuancen und Spannungen hat die Pflanzung viel gemeinsam mit moderner Kunst.

Signaturblumen für kontinentale Staudengärten

Teller – flache, waagrechte oder Körbchenblüten

Achillea filipendulina, z.B. 'Terracotta', 'Coronation Gold', 'Feuerland', Gelbe Schafgarbe
Echinacea purpurea, z.B. 'Green Edge', 'Rubinstern', 'Augustkönig', Purpur-Sonnenhut
Euphorbia characias ssp. *wulfenii,* Palisaden-Wolfsmilch
Euphorbia griffithii 'Dixter', Feuer-Wolfsmilch
Rudbeckia fulgida var. *deamii,* Sonnenhut
Rudbeckia fulgida var. *sullivantii* 'Goldsturm', Sonnenhut
Sedum telephium 'Herbstfreude', Purpur-Fetthenne
Sedum-Hybride 'Matrona', Rosa Fetthenne

Kerzen – lanzenartige, senkrechte Blüten

(Arten mit einfachen, zusammengesetzten oder Doppeltrauben)
Bistorta amplexicaulis, z.B. 'Alba', 'Rosea', 'Firedance', 'Summerdance', Kerzen-Knöterich
Bistorta officinalis, Wiesenknöterich
Digitalis ferruginea, Rostfarbiger Fingerhut
Epilobium angustifolium 'Album', Weidenröschen
Galega, Geißraute
Liatris spicata, Prachtscharte
Lythrum salicaria, Blutweiderich
Lythrum virgatum, Rutenweiderich
Salvia nemorosa, z.B. 'Ostfriesland', 'Blauhügel', Sommersalbei
Salvia verticillata 'Purple Rain', Quirlblütiger Salbei
Salvia x *sylvestris* 'Mainacht', Salbei
Veratrum nigrum, Schwarzer Germer
Verbascum chaixii 'Album', Weiße Königskerze
Verbena hastata, Lanzen-Eisenkraut

Vernonia arkansana, Eisengras
Veronicastrum virginicum, z. B. 'Roseum', 'Fascination', 'Album', Kandelaber-Ehrenpreis

Rispen – fedrige Blüten

Anthriscus sylvestris 'Ravens Wing', Wiesenkerbel
Artemisia lactiflora 'Guizhou', Weißer China-Beifuß
Centranthus ruber, z. B. 'Albus', Spornblume
Filipendula rubra, z. B. 'Venusta', *'Magnifica',* Rotes Mädesüß
Lunaria rediviva, Silberblatt
Lythrum salicaria, Blutweiderich
Lythrum virgatum, Rutenweiderich
Nepeta-Hybriden 'Walker's Low', Katzenminze
Perovskia abrotanoides, Russischer Salbei
Persicaria polymorha, Stauden-Knöterich
Solidago, Goldrute
Thalictrum delavayi 'Hewitt's Double', Wiesenraute
Thalictrum aquilegiifolium, z. B. 'Album', 'Atropurpurea', Amstelraute
Thalictrum flavum, Wiesenraute
Thalictrum lucidum, Glänzende Wiesenraute

Dolden – schirmartige Blüten

Foeniculum vulgare 'Giant Bronze', Zier-Fenchel
Phlox-paniculata-Hybriden, Staudenphlox
Verbena bonariensis, Schleier-Verbene

Knöpfe – kleine Köpfchen

Aster cordifolius 'Ideal', Schleieraster
Aster ericoides, Myrten-Aster
Aster x *frikartii* 'Mönch', Sommer-Aster
Aster novae-angliae 'Voilette', Raublatt-Aster
Aster novi-belgii, Glattblatt-Aster
Astrantia-major-Hybriden, Sterndolde
Cirsium rivulare 'Atropurpureum', Kratzdistel
Eryngium alpinum, Alpendistel
Eryngium giganteum, Elfenbeindistel
Helenium-Hybriden, z. B. 'Rubinzwerg', 'Moerheim Beauty', 'Waltraut', 'Septembergold', Sonnenbraut
Helianthus salicifolius, Weidenblättrige Sonnenblume
Knautia macedonica, Knautie
Monarda-Hybriden, z. B. 'Cherokee', 'Squaw', 'Cambridge Scarlet', 'Prärienacht', Indianernessel
Sanguisorba officinalis 'Rubra', Wiesenknopf
Scabiosa caucasica, Kaukasus-Skabiose

Kugeln

Allium christophii, Sternkugellauch
Allium aflatunense 'Purple Sensation', Zierlauch
Allium sphaerocephalon, Kugellauch
Angelica gigas, Große Engelwurz
Echinops ritro 'Veich's Blue', Kugeldistel
Echinops sphareocephalus, Große Kugeldistel
Eryngium planum 'Blaukappe', Hohe Edeldistel

Etagen

Nepeta x faassenii 'Six Hills Giant', Große Katzenminze
Perovskia atriplicifolia, Blauraute
Phlomis russeliana, Brandkraut
Phlomis tuberosa 'Amazone', Knollen-Brandkraut

Hoher Pflanzenvorhang

Eupatorium fistulosum 'Atropurpureum', Roter Wasserdost
Eupatorium maculatum z. B. 'Atropurpureum', 'Album', Purpurdost
Helianthus salicifolius, Weidenblättrige Sonnenblume
Rudbeckia maxima, Sonnenhut
Rumex sanguineus, Blutampfer
Sanguisorba tenuifolia 'Alba', Hoher weißer Wiesenknopf
Solidago-Hybriden, Goldrute

Ziergräser mit Blühähren
(in Sorten)

Achnatherum calamagrostis, Silberährengras
Calamagrostis brachytricha, Diamantgras
Calamagrostis x *acutiflora* 'Karl Foerster', Garten-Sandohr
Carex muskingumensis, Palmwedelsegge
Miscanthus sinensis, China-Schilf
Molinia caerulea, Pfeifengras
Panicum virgatum, Rutenhirse
Pennisetum alopecuroides, Lampenputzergras
Stipa gigantea, Riesenfedergras
Stipa tenacissima, z. B. 'Angel Hair', 'Pony Tails', Federgras

Kugellauch, *Allium* 'Globemaster', ist in verblühten Zustand wie ein Mahnmal. Die Samenstände gleichen einem komplizierten mathematischen Modell oder auch außerirdischem Planeten. Fast als wäre die Pflanze aus dem Takt mit den sie rings umgebenden Arten, die noch eifrig blühenden: Rosa 'Madame' und fedrige Wiesenraute, *Thalictrum flavum.*

(Nächste Doppelseite)
Für mich kommt der wahre Wert dieses Blumengartenstils im Winter zum Tragen. Während die englischen Prachtbeete dann brachen Feldern mit wenigen Überlebenden gleichen, sind diese Gärten noch lebendig. Durch die Reduzierung der Farben zur Monochromie werden Struktur, Form und Linien deutlich. Alte Bekannte, wie Brandkraut, Wollziest, Schafgarbe, Katzenminze und Heiligenkraut nehmen überzogen mit Raureif eine neue Gestalt an. Die Ziergräser, mit hochstehenden struppigen Halmen, gleichen alten, aber weisen Professoren. Der Winter in Mitteleuropa ist lang, und warum sollen wir nicht auch in dieser Zeit Freude an unserem Garten haben?

Blütenmeer – von der Natur inspiriert

Blumenwiesen und Wiesenbeete

Gärtnerische Wiesen zeichnen sich durch dramatische, wenn auch reativ kurzfristige Wirkung aus. Immer mehr Abwandlungen werden ausprobiert in der Hoffnung, langanhaltende und prächtige Varianten zu finden. In irgendeiner Form ist Mohn immer dabei, ob es der gewöhnliche Klatschmohn, *Papaver rhoeas*, Island-Mohn, *Papaver nudicaule*, Schlafmohn, *Papaver somniferum*, oder wie hier rosa und rote Züchtungen des Türkischen Mohns, *Papaver orientale*, sind.

Bezaubend, hoch romantisch und pittoresk, nehmen Wiesen eine Sonderposition in der Landschaft und im Garten ein. Wiesen beschwören Bilder von idyllischen, sorgenfreien Sommertagen auf dem Lande herauf und wecken Sehsüchte nach unserer ländlichen Vergangenheit. Fremdenverkehrsämter haben schon länger die Wirkung solcher Assoziationen erkannt und locken die Touristen mit leicht nostalgischen Fotografien von artenreichen, blühenden Wiesen, bestückt mit Margeriten, Skabiosen, Schafgarbe und vielem mehr.

Wiesen erleben eine Renaissance. Es dürfte für niemand überraschend sein, dass diese Blütenpracht der Natur jetzt auch in die Gärten gewandert ist. Von naturgetreuen Streuwiesen über die Ackerblumenwiese bis hin zu neuartigen Wiesenbeeten sind die Variationen so groß und vielfältig, dass es für jede Gartensituation, jeden Geschmack und jeden Geldbeutel eine geeignete Lösung gibt.

Allen Wiesen gemeinsam sind Fülle und Farbe. Während die naturnahen Wiesen mit ihren pointillistischen Farbtupfern eine angenehme Bescheidenheit ausstrahlen, wollen die modernen Versionen – überwältigend in ihrer opulenten Farbgebung – unbedingt gesehen werden.

Bei naturnahen Wiesen ist es immer wieder spannend, was aufgehen und wie lang es sich halten wird. Wiesenkerbel und Lupinen sind die Hauptpflanzen dieser Saatmischung. Die Lupinen, die auch in nordamerikanischen Wiesen natürlich vorkommen, hatten sich in dieser Wiese acht Jahre lang rege gehalten und ausgebreitet, bis sie plötzlich verschwunden waren. Wiesenkerbel, *Anthriscus sylvestris*, ist robust und schmückt Wiesen und Wegeränder wochenlang von Ende April bis Juni. Gleichzeitig zart und ausladend ist die Pflanze voller Widersprüche, wie ihre unterschiedlichen englischen Volksnamen »Königin Anne's Spitzen« und die weniger feine »Kuh-Petersilie« beweisen.

Wiesen sind die Blumenbeete der Natur

Eine Wiese ist wesentlich mehr als nur eine schöne und beeindruckende Blumenpracht. Sie ist ein wichtiger Bestandteil des ökologischen Systems und bietet Lebensraum für Insekten, Vögel und Wild. Teil einer Kette, in der Boden, Klima, Fauna und Flora alle eine wichtige Rolle spielen, bilden natürliche Wiesen eine über Jahrzehnte fein auf ihren Standort abgestimmte Lebensgemeinschaft. Mit der Einführung von modernen landwirtschaftlichen Arbeitsmethoden und Anbautechniken, vor allem der Verwendung von Silofutter statt Heu, wurden viele Wiesen zum Grasland umgewandelt. Feuchtwiesen wurden trockengelegt, Streuwiesen mit ihrer typischen überkniehohen bodendeckenden Mischung von Gräsern und Kräutern wurden umgegraben. Auch die Ackerblumen, wie Mohn und Kornblumen, die früher Getreidefelder farblich bereichet haben, sind heute eine Rarität. Nur in abgelegenen oder ungünstigen Lagen, abseits von intensiver landwirtschaftlicher Nutzung, in Freilichtmuseen oder Landschafts- und Naturschutzgebieten sind solche altmodischen Flächen noch zu sehen.

Der Retter der Wiesen kommt aus einer ganz unerwarteten Richtung, dem Gartendesigner und Gärtner. Früher als Unkraut verpönt und mit aller Kraft aus dem Garten fern gehalten, wird nunmehr die Wiese in den Garten geholt. Seit längerer Zeit von den Freunden des Naturgartens gepflegt, hat jetzt auch der Gartenenthusiast diese blühenden Teppiche entdeckt. Teils modische Bewegung, teils Anerkennung des ökologischen Wertes und zum noch größeren Teil einfach wegen der Freude an der Artenvielfalt und Blütenpracht, stehen Wiesen heute voll im Rampenlicht. Neuerscheinungen der Gartenfachpresse sind den Wiesen gewidmet. An der Spitze steht Christopher Lloyd, der Doyen der Gartenszene, mit seinem hervorragenden Buch »Meadows«, basierend auf seinen Erfahrungen und zugeschnitten auf die englischen Verhältnisse.

Merkmale von Blumenwiesen

- *Knöchel- bis kniehohe, weitläufige, gleichhohe Blumenteppiche in einer Melange von Farben*
- *Mit Ausnahme der Ackerwiesen eine artenreiche Mischung von Kräutern und Gräsern*
- *Mit Ausnahme der Ackerwiesen und Wiesenbeete eine langfristige Lebensgemeinschaft, die durch Mahd erhalten wird*
- *Mit Ausnahme der Wiesenbeete eine kostengünstige Vegetationsfläche*
- *Primär mit Frühlings- und Sommeraspekt*

Grundvoraussetzungen
(mit Ausnahme der Wiesenbeete)

- *Große und mittelgroße Gärten ab 300 Quadratmeter*
- *Die richtige Saatmischung für die örtlichen Verhältnisse*
- *Dünger und Bodenverbesserer werden nicht eingesetzt*
- *Ein- oder zweimal jährlich nach der Blüte mähen*
- *Mähgut wird abgetragen, nachdem es kurz auf der Fläche gedreht und getrocknet wurde*
- *Der Schnitt passt sich dem Nistverhalten bzw. Vermehrungszyklus der Fauna an*

Die Wiese in den Garten holen

Wie kann der interessierte Gartenbesitzer entscheiden, ob eine Wiese überhaupt für seinen Garten geeignet ist und wenn ja, welche? Wie macht man den Schritt von der Theorie zur Praxis? Eine Wiese lässt sich nicht einfach herbeizaubern. Es gibt keine universelle Wiese, jede ist ortsspezifisch. Wie für alles, was aus die Natur stammt, benötigt man die entsprechende Grundlage, in diesem Fall offene sonnige Lagen, den passenden Boden, Zeit um zu warten, ob der Versuch erfolgreich ist und die richtige Einstellung. Die innere Überzeugung ist ein wichtiger, aber oft übersehener Faktor, denn naturnahe Wiesen sind die Antithese der Prachtrabatten. Man kann nie sicher sein, was wirklich hier wachsen wird, zu welchem Zeitpunkt und in welcher Menge. Der Gärtner wird zum Zuschauer, seine Mitwirkung ist nur bei der Bodenvorbereitung – sofern man davon reden kann –, der Aussaat und der Mahd erforderlich.

Während manche gärtnerische Varianten nur eine oberflächliche Ähnlichkeit mit den ursprünglichen Grünlandformen haben, versuchen andere, die Artenzusammensetzung so gut wie möglich nachzuahmen. Die Samenhändler haben schon seit längerem der Landwirtschaft eigens nach Standort zusammengestellte Saatmischungen geliefert, jetzt sind auch kleinere Mengen für den Privatgarten erhältlich. Das Angebot war nie größer als heute.

Eine Entscheidung, die gut überlegt sein will

Wenn wir eine Wiese in unserem Garten anlegen, führen wir dies in einer artfremden Umgebung aus. Die Grundbedingungen diktieren, was machbar ist, und man sollte sich über die Konsequenzen klar sein:

- Standort: Der Wiesentyp wird vom Standort bestimmt. Eine Feuchtwiese kann ebensowenig an einem trockenen Hang angelegt werden wie eine Streuwiese in einem Sumpf. Eine artenreiche Blumenwiese wird nicht im Schatten gedeihen. Es gilt, sich vom Standort leiten zu lassen.
- Boden: Die Wiesen, die wir als Vorbild nehmen, wachsen auf nährstoffarmen, trockenen Böden von neutralem bis alkalischem pH-Wert. Lehmige, nährstoffreiche und saure Gartenböden sind ungeeignet. Gartenboden ist nicht die beste Wachstumsgrundlage für Wiesen, da er im Allgemeinen zu reich an Nähr- und Zusatzstoffen ist. Der Boden muss ausgemagert werden, in manchen Fällen empfiehlt es sich sogar, den Oberboden abzutragen. Der Gärtner muss sich bei der Anlage einer Wiese zurückhalten und die Anbringung jeder Art von Düngung oder Bodenverbesserung unterlassen. Herbizide und Insektizide sind ebenfalls nicht erlaubt.
- Nutzung: Außer der ökologisch wichtigen Nutzung als Lebensraum für Pflanzen und Tiere, als Futter für Insekten, Kleintiere und Vieh und als optische Bereicherung des Gartens, hat eine Wiese nur einen beschränkten Erholungswert für den Menschen. Eine Wiese ist nur bedingt trittfest und ungeeignet für Ballspiele, als Bolzplatz, Liegewiese oder sonstige Freizeitnutzung.
- Optik: Nicht nur die Blumen, sondern auch die Gräser tragen zur Schönheit bei. Eine Wiese hat ein Sommer- und ein Winterbild. Das Bild, das vor unseren Augen schwebt, ist die sommerliche Blütenpracht, die Kehrseite nach der Mahd ist eine gelbbräunliche, struppige, eher unansehnliche Fläche.
- Größe: Experten sprechen von 1000 Quadratmeter Mindestgröße, eine Fläche, die in vielen Gärten nicht vorhanden ist.

Blumengärten der Natur:
1 Naturnahe Wiesen gleichen einem feingestickten Gobelin. Im Mittelalter war die Blumenwiese Mittelpunkt des Gartens und wurde in Gemälden abgebildet. Vielleicht ist diese uralte Verbindung mit Wiesen der Grund, warum sie auch heute in unseren Gärten wieder so beliebt sind.
2 Alpenwiesen, wie wir sie aus der Kindheit kennen, sind Leitbilder für viele gärtnerische Varianten.
3 Der Kontrast zwischen dem gemähten Grasweg und der hohen Wiese ist besonders wirkungsvoll und lässt sich auch in einen Garten übertragen.
4 Raps, *Sinapis arvensis,* und Klatschmohn am Feldrand.
5 Eine Feuchtwiese, von ihrem gefährdeten natürlichen Standort gerettet und als Ganzes in den Westpark in München verpflanzt.
6 Wiesenmargeriten, *Leucanthemum vulgare,* und Kuckuckslichtnelke, *Lychnis flos-cuculi* zwischen fetten Gräsern in dieser norddeutschen Wiese.
7 Eine Symbiose zwischen Natur und Landwirtschaft: Der Klatschmohn sprießt auf dem gepflügten Feld, die Schafe grasen die Wiese ab, und wenn sie zu frischem Weidegrund geführt werden, treiben die Wiesenblumen neu aus – alles im natürlichen Rhythmus.
8 Mähgut aufgetürmt zum Trocknen und Abtragen.
9 Eine Kalkmagerwiese mit Schlüsselblumen, *Primula veris,* Knolligem Hahnenfuß, *Ranunculus bulbosus* und Knabenkraut, *Dactylorhiza maculata.*

2

3

4

5

6

7

8

9

Eine der schönsten gärtnerischen Wiesen wurde auf der Chelsea 2004 gezeigt. Über eine Fläche von etwa 40 Quadratmeter wurde die Wuchshöhe und Stimmung einer naturnahen Wiese suggeriert. Dank Dan Pearsons sensibler Pflanzauswahl und Gestaltung wirkte der gesamte Garten zu jeder Tageszeit magisch und außergewöhnlich. Die Bestückung der »Wiese« war zwar in Anlehnung an die Natur ausgeführt, aber mit einer eigenen Interpretation: vorne Horntulpen, *Tulipa acuminata* (nur in kleinen Mengen erhältlich), zusammen mit Gladiolen, *Gladiolus italicus*, inmitten von blau-grünlichem Blaugras, *Sesleria caerulea*. Im Hintergrund eine gelbblühende Wildform der Taglilie, *Hemerocallis dumortieri*.

Diese empfohlene Größenordnung geht nicht nur von der optischen Wirkung aus, sondern auch von der »selbsttragenden« Funktion der Wiese. Um als Biotop mit einer artenreichen Mischung von Spezies zu funktionieren, benötigt die Wiese eine gewisse Größe. Ein paar Quadratmeter reichen eben für eine Artenvielfalt nicht aus. Es gilt: je größer, desto vielfältiger. Kleine Flächen von 100 Quadratmetern können funktionieren, wenn die Wiese nicht isoliert ist, sondern Teil eines zusammenhängenden Netzwerks von Biotopen.

- Pflege: Die Wiese als Lebensgemeinschaft ist auf einen Rhythmus von Wachstum und Schnitt angewiesen, um die Auswilderung zu bremsen. In der Landwirtschaft übernehmen dies die weidenden Tiere oder bewusst gelegte Flächenbrände. Bei bewirtschaftetem Grünland oder der Zierfläche im Garten regelt die Mahd die Entwicklung.

Nicht nur die bunten Blüten der ein- und zweijährigen Stauden, sondern auch die Ähren und Halme der Gräser tragen zur Blütenpracht einer Wiese bei. Die leichten, fedrigen Blühähren nehmen jeden Windhauch auf und geben den Flächen ihr unverwechselbares Aussehen. Wer sich mit Wiesen beschäftigt, merkt dass im Gegensatz zu konventionellen Rasenflächen die Gräserarten völlig verschieden sind. Die breithalmigen, knallgrünen Gräser der Gebrauchs- und Zierrasen, vor allem das Wedelgras *(Lolium perenne)*, dürfen auf keinen Fall in den Saatmischungen der Wiese vorkommen, da sie schneller keimen und robuster und aggressiver sind als die zarten Wiesenkräuter und -gräser, die ein langsames Wachstum haben. Um allen eine Entwicklungschance zu geben, werden Sortenauswahl und Mischungsverhältnisse wie in einem komplizierten Kochrezept genau berechnet. Die Artenzusammenstellung einer Wiese ist von Region zu Region unterschiedlich und nicht beliebig übertragbar.

Wiese ist nicht gleich Wiese

Im allgemeinen wird 50 % Grassaat mit 50 % Kräutern gemischt, wobei allein 20–36 verschiedene Kräuterspezies und 4–6 Grasspezies in unterschiedlichen Anteilen zusammengestellt werden. Die Keimfähigkeit der einzelnen Spezies wird ebenso berücksichtigt wie die Größe und das Gewicht der Saat. Wer sich eine Mischung ansieht, bemerkt die unterschiedlichen Saatgrößen von Krümel bis Linsengröße. Anhand der Anzahl der Körner pro Gramm kann man sich eine Vorstellung von den Größen machen: Wiesenrispe *(Poa pratensis)* hat ca. 3300 Korn/g, Zittergras *(Briza media)* dagegen nur 1400 Korn/g, Margerite *(Leucanthemum vulgare)* ca. 3300 Korn/g im Vergleich zu Skabiosen-Flockenblumen *(Centaurea scabiosa)* mit nur 600 Korn/g. Es ist daher wichtig, sich insbesondere bei größeren Flächen von einer spezialisierten Samenhandlung beraten zu lassen, um gegebenfalls eine genau auf den Ort abgestimmte Mischung zu bestellen und nicht einfach eine Allerweltsmischung vom Gartencenter zu erwerben.

Signaturblumen für Magerrasen

Achillea millefolium, Schafgarbe
Agrimonia eupatoria, Odermennig
Campanula, Glockenblume
Centaurea cyanus, Kornblume
Centaurea scabiosa, Skabiosen-Flockenblume
Daucus carota, Wilde Möhre
Dianthus carthusianorum, Kartäusernelke
Galium verum, Echtes Labkraut
Leucanthemum vulgare, Wiesen-Margerite
Malva moschata, Moschus-Malve
Origanum vulgare, Wilder Majoran
Plantago media, Mittlerer Wegerich
Primula veris, Echte Schlüsselblume
Prunella grandiflora, Großblütige Braunelle
Ranunculus bulbosus, Knolliger Hahnenfuß
Salvia pratensis, Wiesensalbei
Sanguisorba minor, Kleiner Wiesenknopf
Silene vulgaris, Gemeines Leimkraut
Thymus pulegioides, Feld-Thymian

Gräser
Anthoxanthum odoratum, Ruchgras
Bromus erectus, Aufrechte Trespe
Festuca ovina, Schafschwingel
Koeleria pyramidata, Pyramiden-Schillergras

Die gängigen Wiesentypen setzen sich zusammen aus:
- Magerwiese/Streuwiese: artenreich, geeignet für neutrale bis kalkhaltige Böden mit guter Drainage
- Norddeutsche Tiefland-Wiesen: für mittleren bis frischen Standort, d.h. hohe Bodenfeuchtigkeit, fettere Vegetation
- Feuchtwiesen: mäßig nährstoffreiche Böden mit schlechter Entwässerung, zeitweise stehendes Wasser
- Fettwiesen: nährstoffreiche, nasse bis trockene Böden, mit wenig ein- oder zweijährigen Kräutern.

Der Garten kann zwar den Naturstandort nicht ersetzen, fungiert aber in weitläufigen Gärten auf dem Lande oder im Vorort als Übergangsfläche. Gerade in der Zone zwischen dem Garten und den angrenzenden landwirtschaftlichen Flächen kann eine Wiese sehr wertvoll sein, nicht nur wegen der ästhetischen Wirkung, sondern auch als Methode, heimische Kräuter wieder einzuführen. Angrenzend an unsere benachbarte Streuwiese habe ich meinen englischen Rasen in einer Wiese auslaufen lassen. Die heimische Weberdistel, Schafgarbe und kleiner Wiesenknopf haben sich inzwischen auch über die Grenzen ausgebreitet und bereichern das artenarme Grasland dahinter.

Streuen und mähen wie zu Großmutters Zeiten

Wenn wir eine Wiese anlegen, ahmen wir die Natur nach. Was aber die Natur mit einer scheinbaren Leichtigkeit schafft, ist für uns mühevolle Präzisionsarbeit, denn eine Wiese anzulegen bedeutet mehr als nur Samen zu streuen. Der Boden diktiert was wächst, das Mischungsverhältniss steuert das, was am stärksten vertreten sein soll, und dann kommt noch das Unberechenbare dazu, das vom Wind und den Vögeln herbeigetragen wird.

Ob man bei der Anlage einer Wiese versucht, die vorhandene Rasenfläche zu entmagern und allmählich neue Spezies einzuführen, oder mit dem nackten Boden frisch anfängt, hängt vom gewünschten Wiesentyp und den persönlichen Präferenzen ab. Eine Acker- oder Feldbumenwiese kann nur frisch ausgesät werden, während die Einführung von Geophyten durchaus in einer vorhandenen Rasenfläche stattfinden kann. Die Umwandlung ist ebenso wie die Aussaat ein langwieriger Prozess, der 5 Jahre und länger dauern kann.

Ist der Boden frei von Bewuchs und planiert, kann die Aussaat erfolgen. Das Saatgut wird im empfohlenen Gewicht pro Quadratmeter je nach Mischung von 2–5 g/qm² in breiten Bögen gestreut. Bei größeren Flächen hilft es, die Gesamtmenge zu teilen und nur so viel Saat, am besten in einem Beutel um die Taille gebunden, mitzunehmen, wie für den Bereich notwendig ist. Zur Übung kann man den Streuvorgang zunächst mit Sand ausprobieren. Ziel ist eine gleichmäßige und flächendeckende Streuung. Man streut rückwärtsgehend nach rechts oder links in breitem gleichmäßigem Bogen vom Körper weg nach außen – es kommt auf die Bewegung des Handgelenks an und erfordert Übung. Nachdem die ersten Pflanzen aufgegangen sind, werden eventuelle Lücken sichtbar. Ein zweiter Streugang kann notwendig sein, es sind aber, wie beim ersten Mal, die empfohlenen Mengen pro Quadratmeter einzuhalten.

Bis alle Spezies sich etabliert haben, können Jahre vergehen. Eine Kompromisslösung, die den Vorgang beschleunigt, ist die Kombination von Aussaat und der Pflanzung von zarteren, sich langsam entwickelnden Arten, wie Margeriten *(Leucanthemum vulgaris)* und Wiesensalbei *(Salvia pratensis)*. Sie können als Jungpflanzen gezogen und in die Fläche eingesetzt werden. Dabei ist es wichtig darauf zu achten, dass ihr Anteil im Verhältnis zur Fläche stimmt.

Die Pflege einer Wiese besteht vor allem im altbekannten und erprobten Mähen mit der Sense. Früher ein Allgemeingut ist es heute fast schon historisches Brauchtum. Einen Teil meiner Sommerferien als Kind im Harz und später in den Alpen habe ich stets mit Heumachen verbracht – ein staubiges, kratziges, vom Wetter bestimmtes Ereignis. Vom ersten Versuch, als »Wiesenlehrling« mit einer Sense umzugehen, bis hin zur Eroberung des richtigen Rhythmus vergingen Jahre, aber man verlernt es wie das Radfahren nie.

Der Schnitt wird nach der Blüte ausgeführt, je nach Region von Juli bis August. Die Schnitthöhe mit einer Sense wird automatisch so hoch (ca. 4 Zentimeter), dass die zarteren Pflanzen überleben. Während Steilhänge nur mit einer Sense gepflegt werden können, werden ebene Flächen heute meist mit einer Mähmaschine, eingestellt auf über 3 Zentimeter Schnitthöhe, gemäht.

Das Mahdgut wird kurze Zeit zum Trocknen auf der Wiese gelassen, einmal gewendet, schließlich abgetragen und als Heu für das Vieh aufbewahrt. Wird das Mähgut nicht entfernt, passiert genau das Gegenteil von dem, was gewünscht ist: Der Boden wird durch den Verrottungsprozess angereichert und die Stabilität der Wiese ist bedroht. In Wiesen, wo Schnittgut regelmäßig liegen gelassen wird, entsteht ein höherer Stickstoffgehalt, zu sehen an dichtem Brennnesseldickicht. Durch das Wenden und Trocknen fällt die Saat zu Boden und sorgt für den Fortbestand der Wiese. Eine zweite Mahd erfolgt in günstiger Lage Ende August bis September.

Feuchtwiesen

Feuchtwiesen sind eine ideale Lösung für ungünstige feuchte Standorte, wo gewöhnliche Pflanzungen kaum Überlebenschancen haben. In Übergangszonen zu naturnahen Teichen oder auch in Senken sind sie eine schöne, wenn auch nicht immer begehbare Lösung die auch über kleinere Flächen ausgeführt werden kann.

Spezielle Saatmischungen für Feuchtwiesen haben ein ausgeklügeltes Verhältnis zwischen den einzelnen Spezies und spiegeln die natürlich vorkommenden Arten wider, zum Beispiel Mädesüß *(Filipendula ulmaria),* Gemeine Braunelle *(Prunella vulgaris),* Rote Lichtnelke *(Silene dioica),* Gemeine Flockenblume *(Centaurea jacea)* und Kuckuckslichtnelke *(Lychnis flos-cuculi).* Nicht nur die Kräuter, sondern auch die Gräser geben diesen Feuchtwiesen ihre charakteristische Erscheinung, dazu gehören Hasenpfotensegge *(Carex leporina),* Sumpf-Rispengras *(Poa palustris),* Kammgras *(Cynosurus cristatus)* und Wiesenfuchsschwanz *(Alopecurus pratense).* Im Gegensatz zu den anderen Wiesen sind hier die Farbtöne gedämpft, mit dem zartem Pastell der Kuckuckslichtnelke und den leichten cremigen Tupfen des Mädesüß *(Filipendula ulmaria).*

Zierformen und Varianten speziell für den Garten

Teil des Reizes beim Gärtnern ist es zu formen, zu ändern, zu manipulieren und zu experimentieren, um neue aufregende Gestaltungen zu finden. So haben sich Abwandlungen und Zierformen der Wiese mit einer Hauptart entwickelt, wie etwa die Shirley-Poppy-Wiese, die Rudbeckia-Wiese und die Lupinen-Wiese. Sie sind in der Regel einfacher anzulegen und liefern innerhalb kurzer Zeit eine bunte Blumenpracht. Was sie aber nicht besitzen, ist der Artenreichtum der Urform. Solche Vegetationsflächen werden immer den Anschein von Monokulturen haben, sind aber zweifellos über weitläufige Flächen beeindruckend.

Neben diesen radikalen gärtnerischen Variationen gibt es auch andere, wie die Tulpen- und Schachbrettblumen-Wiesen, die den Charakter einer Wiese einfangen und sie auf subtile Weise für den Einsatz im Garten umsetzen. Die Hauptabwandlungen der eigens für den Garten entwickelten Wiesenformen sind:

- Blumenrasen; im Prinzip ein konventioneller Rasen, der wenig gemäht wird, sodass niedrigwachsende Spezies, wie Gänseblümchen und Veronica, einen Blütenteppich bilden können
- Blumenrasen durchpflanzt mit Geophyten, wie Tulpen, Narzissen, Schachbrettblumen und Iris
- Künstliche Varianten mit einer Überzahl einer einzelnen Spezies, z.B. Margeriten, die natürlicherweise nie in solchen Mengen vorkommen würden; beliebt als Anfangseffekt und vertretbar, solange es im Rahmen eines Gartens bleibt
- Ackerblumen- oder Feldwiese, ohne Grasanteil mit nur 4 bis 5 einjährigen Spezies, jedes Jahr frisch angelegt
- Wiesenbeete, als neueste Form; eng an eng gepflanzte Stauden und ausgesuchte Ziergräser, alle von ähnlicher Höhe, mit Sofortwirkung.

Ackerwiesen sind en vogue, nicht nur über riesige, sondern auch über kleinere Flächen. Genau wie ein Acker bewirtschaftet wird, so wird die ausgesuchte Saatmischung jedes Jahr in der vorgeschriebenen Menge auf das frisch gepflügte Feld – oder die umgegrabene und planierte Gartenfläche – gestreut. Laut Expertenmeinung baut sich ein gewisser Saatvorrat Jahr für Jahr im Boden auf, sodass nach einigen Jahren die Blumen von allein kommen. Hier einjähriges blaues Büschelschön, *Phacelia tenacetifolia,* roter Klatschmohn, *Papaver rhoeas,* gelbe Saat-Wucherblume, *Chrysanthemum segetum,* weiße Ackerkamille, *Anthemis arvensis* und orangefarbener Kalifornischer Mohn, *Eschscholzia californica.*

1
2
3
4
6
7
8
9

Die gärtnerischen Abwandlungen der Wiese:

1 Wiesenbeet bestehend aus eng an eng gepflanzten Stauden und Ziergräsern, hier Ton in Ton Indianernessel, *Monarda* 'Cambridge Scarlet', und Knautie, *Knautia macedonica,* dazwischen niedrige Waldschmiele, *Deschampsia caespitosa* 'Bronzeschleier', und Federgras, *Stipa tenuissima*.

2 Kalifornischer Mohn, *Eschscholzia californica,* sät sich von alleine aus, gedeiht auch auf schlechtem steinigen Boden und ist en masse beeindruckend.

3 Eine einjährige gärtnerische Wiese mit Löwenmäulchen, *Antirrhinum,* Knotenblume, *Leucojum,* und Ringelblume, *Calendula*.

4 Das »Kornfeld« ist eine Hommage an die Ackerfelder mit weißer Ackerkamille, *Anthemis arvensis,* blauer Kornblume, *Centaurea cyanus,* gelber Saat-Wucherblume, *Chrysanthemum segetum,* und rotem Klatschmohn, *Papaver rhoeas,* jährlich ausgesät mit vorgemischtem Saatgut.

5 Üppige Farben sollten dosiert werden. Der breite Rasenweg ist nicht nur zweckmäßig, sondern bildet eine wichtige neutrale Fläche.

6 Eine *Rudbeckia*-Wiese, bestuckt mit niedrigen Sorten – eine Abwandlung der nordamerikanischen Prärie, wie sie großflächig im Vorfeld eines Landhauses Jahr für Jahr neu angelegt wird.

7 Wiesenbeete zeichnen sich durch einheitliche Höhe und bunte Farben aus, hier graulaubige, orangerote Schafgarbe, *Achillea* 'Walter Funcke', und einjährige blaue *Brachycome*.

8 Wiesenhaft, aber allein durch die Farbgebung sehr künstlerisch: Kornblume, *Centaurea cyanus,* und Meerlavendel, *Limonium sinuatum*.

9 Wiesenmargeriten, als Jungpflanzen vorgezogen und einzeln eingesetzt, sorgen für einen hübschen, aber aufwändigen Erfolg.

Einfacher Blumenrasen

Niedriger und trittfester als die gewöhnlichen Wiesen werden Blumenrasen auch über kleine Flächen, in Form von Inseln oder in Übergangszonen zu naturbelassenen Teilen des Gartens eingesetzt. Blumenrasen mit ihrem höheren Anteil an Gräsern (80 %) sind ein Kompromiss zwischen Zierrasenflächen und Wiesen. Wer im Sommer länger verreist war und nicht für die Gartenpflege gesorgt hat, kommt zu einem Blumenrasen zurück – mit Gänseblümchen im Frühsommer und Kriechendem Günsel im Hochsommer. Mein Großvater hat sein Leben lang gegen Gänseblümchen im Vorgarten gekämpft – wenn er gewusst hätte, dass sie jetzt voll im Trend liegen.

Von all den Wiesentypen ist der Blumenrasen am einfachsten durch Umwandlung zu erzielen. Man muss nur den Zierrasen weniger mähen, statt wöchentlich nur monatlich und nicht unter 3 Zentimeter gehen. Ein zu niedriger Schnitt entfernt die Kräuter, die man unterstützen will. In der Regel sind je nach Wuchsstärke zwischen 4–8 Schnitte pro Jahr erforderlich, der Rasenschnitt ist sofort zu entfernen. Wird ein Blumenrasen frisch angelegt, ist die Vorgehensweise die gleiche wie für alle anderen Wiesen.

Blumenrasen mit Geophyten

Eine Rasenfläche, in die Zwiebelpflanzen eingestreut sind, ist wohl die einfachste, weitest verbreitete und effektvollste Form der wiesenähnlichen Bepflanzung. Narzissen- und Schachbrettblumen-Pflanzungen im Halbschatten unter den Park- und Gartenbäumen werden seit Jahren praktiziert. Wenn sie richtig ausgesucht sind, verwildern die Spezies, und aus den anfangs kleinen Gruppen werden flächige Farbkleckse.

Fast jeder Garten hat seine Frühlingsecke mit Narzissen. Beliebt sind die großkronigen leuchtendgelben Trompetennarzissen wie 'King Alfred' und 'Golden Harvest', aber auch die bescheidenen klein-kronigen wilden Narzissen und ihre Sorten, wie die duftende Dichternarzisse *(Narcissus poeticus* 'Actaea' und *Narcissus poeticus* var. *recurvus).* Sie sind über große Flächen und vor allem in Anlehnung an ihren Naturstandort am Hang in Montreux wunderschön. Die Montreux-Wiesen waren die Inspiration für die Narzissenwiesen auf der IGA 1983 München, wo Bänder und Pulks von tausenden Narzissenzwiebeln mit beeindruckender Wirkung gepflanzt wurden.

Wer einen Soforteffekt haben möchte, muss kräftig investieren und sollte die Blumenzwiebeln nicht in 10er-Paketen, sondern nach Gewicht oder in 100er-Einheiten von spezialisierten Blumenzwiebelhändlern erwerben. Oft sind die Wildarten nur in begrenzter Menge vorhanden, und es ist ratsam, bereits im Spätfrühling eine Bestellung für die Herbstlieferung zur rechtzeitigen Pflanzung abzugeben. Tulpen und auch Schwertlilien werden ebenfalls vermehrt in Wiesen gepflanzt. Wie in einem impressionistischen Gemälde werden sie über die Fläche gesprenkelt, zarte Farbpunkte in der grüne Masse.

Einfache hohe, spätblühende Tulpen sind am geeignetsten, obwohl auch etwas extravagantere Sorten, wie die dunkellila Papageientulpe 'Black Parrot' – von HRH Prince Charles in seinem Garten jährlich neu geplanzt – einen gewissen Charme haben. Wildtulpen wie die Weinbergtulpe *(Tulipa sylvestris)* besitzen eine besondere filigrane Schönheit; sie benötigen magere Böden und sind nicht immer in großen Mengen zu bekommen.

Eine gelungene Kreuzung zwischen einer Wiese und einem Blumenbeet. Durch die bedachte Auswahl von wenigen, aber gut zusammenpassenden Arten wird sowohl das Ambiente einer Wiese erzeugt als auch der ästhetische Anspruch eines Gartens aufrechterhalten. Ziergräser zusammen mit einer Züchtung des gewöhnlichen Wiesenknopfes, *Sanguisorba officinalis* 'Rubra'.

Merkmale der Feldblumenwiese

- *Bunte knallige Farbgebung in Rot, Blau, Weiß, Gelb, auch mit Rosa und Orange durchmischt*
- *Kein Rasenanteil, geringe Anzahl von Arten*
- *Einjährig*
- *Kein Nutzwert*

Signaturpflanzen der Feldblumenwiese

Agrostemma githago, Kornrade
Anthemis arvensis, Acker-Hundskamille
Calandula arvensis, Acker-Ringelblume
Centaurea cyanus, Kornblume
Consolida regalis, Acker-Rittersporn
Papaver rhoeas, Klatschmohn
Xanthophthalmum segetum syn. *Chrysanthemum segetum,* Saat-Wucherblume

Feldblumen und Ackerwiesen

Bestückt mit einjährigen Arten in kräftigen leuchtenden Farben ist diese Wiesenform eine künstliche, dennoch beeindruckende Erscheinung. Über große offene Flächen auf mageren und leichten Böden ist sie eine schnelle und kostengünstige Lösung, Blumen in den Garten zu bringen. Wie die Feldblumen der Getreidefelder müssen diese Blumen jedes Jahr im Herbst in die frischgepflügte Fläche neu ausgesät werden. Eventuelle Lücken können im Frühling nach dem Austrieb nachgesät werden. Die Saatmischung aus Wildblumen wird mit nur 2 bis 3 g/qm aufgebracht, wegen der guten Keimfähigkeit der Arten dünner als bei anderen Wiesen üblich. Eine Variation zu den Wildblumen ist die flächendeckende Aussaat von Kalifornischem Mohn *(Eschscholzia californica).*

Wiesenbeete

Wiesenbeete sind die neueste Abwandlung, die zunehmend in Gartenschauen und progressiven Gärten anzutreffen ist. Sie sind eine Mischung zwischen Staudenbeet und Streuwiese und sind von der optischen Erscheinung einer naturnahen Wiese – enger Stand der Pflanzen und gleichmäßige Höhe – beeinflusst. Hiermit hören aber die Ähnlichkeiten auf. Gepflanzt und nicht gesät, mit einer Kombination aus Wildkräutern, Gartenstauden mit wildblumenähnlichem Charakter, gezüchteten Spezies und Ziergräsern, ist diese Form des Blumengartens kosten-, arbeits- und pflegeintensiv.

Im Gegensatz zu einer naturnahen Wiese, die sich selbst reguliert und ein Gleichgewicht findet, wird hier die Anordnung der Pflanzen vom Gärtner oder Designer bestimmt und die Konkurrenz zwischen den anwachsenden Arten vom Gärtner gesteuert. Traditionelle Düngung und Bodenverbesserungsmaßnahmen sind notwendig, um das Gedeihen der Spezies zu gewährleisten. Wiesenbeete haben eine gewisse Verwandtschaft mit traditioneller Beetpflanzung sowohl in der Dichte als auch in der saisonalen Wirkung. Primär nur als Sommerbeete zu betrachten, werden sie selten großflächig ausgelegt

Merkmale von Wiesenbeeten

- *Künstlich zusammengestellte, bodendeckende Pflanzung aus Wildstauden, Gartenstauden und -Hybriden und Ziergräsern*
- *Kosten-, arbeits- und pflegeintensiv*
- *Sommer- und Frühlingseffekt*
- *Wird nicht gemäht, gleicht eher einer konventionellen Staudenpflanzung*
- *Schmale kaum sichtbare Pflegepfade durchqueren die Pflanzungen.*
- *Für kleine bis mittelgroße Gärten*

Eine Prärie im Garten: Höher als die europäischen Wiesen schwebt das Blütenmeer der nordamerikanischen Prärie zwischen Hüfte und Schulterhöhe. Hier im europäischen Garten hat sich die Höhe durch die unterschiedlichen Wachstumsbedingungen – mehr Regen, weniger Sonne und kühle Temperaturen – reduziert. Die allgemeine Wirkung der lockeren Vernetzung von primär gelbblühenden Pflanzen mit geringem Anteil an Gräsern wird unterstrichen durch den Holzbohlenweg und täuscht eine weite Landschaft vor. *Silphium integrifolium* (die hohe gelbe Staude auch im Vordergrund des Bildes), Purpur-Sonnenhut, *Echinacea purpurea*, Sonnenhut, *Rudbeckia fulgida* var. *deamii*, zartrosa Astern, *Aster oolentangiensis*, und *Ratibida pinnata* (mit hängenden gelben Blütenblättern) bilden eine blühende Gemeinschaft.

(Nächste Doppelseite)
Eine natürliche Schönheit: Die zweijährige Karde, *Dipasus*, wird bis zu 1,80 Meter hoch. Wenn sie einmal Fuß gefasst hat, sät sie sich eifrig selbst aus. Für mich ist sie eine der schönsten Blumen: von wunderschöner delikater Farbgebung, majestätischer Gestalt, ein Anziehungspunkt für Insekten und Vögel und über Winter eine Zierde. Und das alles kostet keinen Cent!

und sind so eher für mittelgroße und kleine Gärten mit offenen, sonnigen Standorten geeignet. Als Schaustücke in den Gartenschauen werden solche Wiesenbeete über Flächen von 10 bis 150 Quadratmeter ausgeführt. Die Anzahl der notwendigen Pflanzen ist enorm, für 150 Quadratmeter stolze 7000 Stück. Um die Stabilität der Wiesenbeete zu gewährleisten, ist ein großer Pflegeeinsatz notwendig. Sie mögen mit ihrer durchwebten und bunten Blumenpracht sehr verlockend sein, sind aber im Aufwand mit einer Prachtrabatte zu vergleichen.

Prärie-Wiesen

Heimisch in den breiten offenen Landschaften Nordamerikas erstrecken sich die Prärien von Texas im Süden bis zum Saskatchewan im Norden und vom Colorado bis zum Mississippi. Mit ihren typischen wehenden Gräsern und standfesten Wildkräutern bilden sie die Kulisse für Westernfilme und rufen Bilder von Bisonherden, reitenden Cowboys und jagenden Indianern hervor. Wenige Beipiele der echten Prärielandschaft sind heute noch vorhanden. Die Langgras- ebenso wie die Kurzgrasprärien sind genauso wie die europäischen Wiesen Opfer des landwirtschaftlichen Fortschritts geworden.

Viele der Prärieblumen wie Goldraute, Sonnenblume, Wasserdost, Aster und Rudbeckie sind heute bekannte Zierpflanzen im Garten und werden nicht automatisch mit ihrem Urstandort in Verbindung gebracht. Auch Gräser wie Hirse *(Panicum virgatum)* sind heute eher für ihre Einzel- als für ihre Gruppenwirkung als Präriegras bekannt. Der unverwechselbare Reiz der Prärie wurde aber wiederentdeckt und in offene, weitläufige Gärten geholt. Artenreich, trockenheitsverträglich und pflegeleicht hat diese Pflanzung viele Vorteile, aber sie ist nicht die ideale Lösung für alle Standorte. Prärien sind ein exotischer Fremdkörper in Europa und sind daher mit Vorsicht in die hiesige Landschaft einzuführen. Viele der Kräuter und Gräser sind aggressiv und stellen eine Bedrohung für zartere heimische Arten dar. Aber nicht nur die Artenzusammenstellung, sondern auch die Dimensionen der nordamerikanischen Prärie-Wiesen sind ganz anders. Mit Höhen von 120 bis 180 Zentimeter, d.h. von der Taille bis zur Schulter reichend, überragend sie die 60 bis 80 Zentimeter hohen europäischen Wiesen bei weitem.

Gerade wegen der unterschiedlichen klimatischen Boden- und Flächenbedingungen wird diese Bepflanzungsart oft nur in Anlehnung an die Naturform ausgeführt. Man versucht die Leichtigkeit und Üppigkeit der Gräser- und Kräutergemeinschaft einzufangen, mit ihrem dichten Stand, ihrer gleichmäßigen Höhe und der charakteristischen Farbgebung von Gelb zu Rostbraun, mit Einsprengseln von Purpur und Rot. Für den nordamerikanischen Markt werden spezielle Samenmischungen angeboten. In Europa, wo viele der Originalpflanzen schwierig zu beziehen sind, werden oft Ersatzsorten angeboten.

Merkmale von Prärie-Wiesen

- *Heimisch in Nordamerika*
- *Weitläufige hohe Wiesen mit höherem Anteil von Blumen als Gräsern*
- *Pflege durch Weiden, Mähen oder kontrollierten Flächenbrand*
- *Biotop für Insekten, Schmetterlinge, Vögel und Kleintiere*

Signaturblumen für Prärie-Wiesen

Aster laevis, Glatte Aster
Aster oolentangiensis syn. *Aster azureus*, Himmelblaue Aster
Baptisia australis, Indigo-Lupine
Echinacea pallida, Sonnenhut
Echinacea purpurea Purpur-Sonnenhut
Epilobium angustifolium, Weidenröschen
Eupatorium maculatum, Purpurdost
Eupatorium purpureum, Wasserdost
Filipendula rubra, genannt Königin der Prärie
Helianthus mollis, Sonnenblume
Liatris aspera, Prachtscharte
Liatris pycnostachya, genannt Feuriger Stern der Prärie
Rudbeckia fulgida, Sonnenhut
Rudbeckia triloba, Schleier-Sonnenhut
Silphium terebinthinaceum, genannt Prärieampfer
Solidago rigida, Goldrute
Solidago speciosa, Goldrute
Veronia altissima, genannt Großes Eisengras

Gräser

Andropogon gerardii, Bartgras
Calamagrostis canadensis, Reitgras
Panicum virgatum, Rutenhirse
Schizachyrium scoparium, Kleines Blaugras
Sorghastrum nutans, Gelbes Indianergras

Blüten pur

Blumen als Leidenschaft

Bei allen Sammlungen ist die Präsentation entscheidend. Damit die Hauptattraktion wirklich im Mittelpunkt steht, muss sie von würdigen Partnern, die ihre Form und Farbe unterstreichen, begleitet werden. Sowohl Katzenminze, hier *Nepeta* x *faassanii* 'Six Hills Giant', als auch Lavendel sind klassische Partnerpflanzen für Rosen. Die hellblauen Blüten lassen Pink und Fuchsienrot noch kräftiger und leuchtender wirken. Eine andere empfehlenswerte Art mit kerzenartiger Blütenform ist der Fingerhut – die weiße Form, *Digitalis purpurea* 'Alba', passt hervorragend zu roten Rosen. Noch selten eingesetzt wird die kleine Glockenblume, *Campanula alliariifolia;* mit ihren lanzenähnlichen, spitzen, weißen Blüten ist sie geeignet für den vorderen Rand des Rosenbeetes.
Für den Rosenliebhaber sind es aber die Rosen, die zählen. Hier eine Mischung historischer Rosen: *Rosa gallica officinalis,* links die gefüllte remontierende Hybride 'Reine des Violettes' und mittig die weinrote 'Duc de Guiche'.

Manche Zierpflanzen besitzen eine so starke Ausstrahlung und überzeugende Schönheit, dass sie eine Sammelleidenschaft entfachen. Ihre Blüten bringen mehr als Farbe und Freude in den Garten, sie haben eine verführerische Kraft, die den Wunsch erzeugt, immer noch mehr zu besitzen. Rosen und Rhododendron sind die klassischen Sammlerpflanzen, aber wenn genügend Enthusiasmus vorhanden ist, kann jede Gattung oder Art gesammelt werden. Neben Stauden können auch Gehölze und Zwiebelblumen im Mittelpunkt dieser Leidenschaft stehen.

Der Höhepunkt des Gartenjahres ist die Blüte der Lieblingspflanzen. Alles wird unternommen, um die Sammlung für diese Zeit im bestmöglichen Licht darzustellen und mit passenden Partnern deren Schönheit noch weiter zu betonen. Dabei steht die Farbharmonie oft erst an zweiter Stelle hinter der Farbenpracht, denn die Aufmerksamkeit gilt den beeindruckenden, außergewöhnlichen Neuheiten und Raritäten.

Leuchtend, atemberaubend und oft gewagt, kann der gewöhnliche Gartenliebhaber solche Monokulturen nur bewundern. Pflanzensammlungen sind aber mehr als nur Hommagen an eine Art, sie sind wichtige »Freiluft-Tresore«, in denen alte Sorten, die vom Aussterben bedroht sind, geschützt, gepflegt und katalogisiert werden.

Dieser Garten wird von Rosen bestimmt. Im Vordergrund die bezaubernde Kletterrose 'Bobby James'; diese *Multiflora*-Hybride wird bis zu 10 Meter hoch und ist ideal geeignet für Pergolen, Lauben oder um Obstbäume zu umschlingen. Am Ende der Blickachse die lila, je nach Licht fast bläulich erscheinende Kletterrose 'Veilchenblau'. Eingeführt im Jahr 1909, scheint uns diese Rose, gerade wegen ihrer Farbgebung, sehr modern zu sein.

Lebenslange Leidenschaft für eine einzige Blüte

Jeder von uns hat eine Lieblingspflanze, der wir den besten und prägnantesten Platz in unserem Garten zuteilen. Aber manche Menschen sind so von einer Pflanze begeistert, dass es zur Leidenschaft wird. Wer davon erfasst wird, betritt eine andere Welt. Was auf den ersten Blick einfach erscheint, nämlich sich auf nur eine Gattung zu konzentrieren, verlangt jedoch Ausdauer und Geduld, denn dafür muss alles stimmen, die Rahmenbedingungen ebenso wie die Gartengestaltung. Je mehr man sich mit einer Pflanze beschäftigt, desto umfangreicher wird das Thema. Von der Herkunft, dem Stammbaum, den einzelnen Züchtungen und deren Wachstumbedingungen bis hin zu Bezugsquellen muss alles mit Begeisterung recherchiert werden, um eine Sammlung aufzubauen.

Sammler sind Experten. Die Pflanzenwelt lebt vom Engagement und der Begeisterung dieser Spezialisten. Sie kennen die Vorlieben der Pflanzen, wissen wo die besten und umfangreichsten Sortimente zu bekommen sind, tauschen Informationen mit Gleichgesinnten aus und sind immer auf der Suche nach neuen Ergänzungen. Neue Züchtungen werden mit Neugier erwartet und wer es wirklich ernst meint, schafft es vielleicht selbst etwas Neuartiges zu ziehen. Diese Kenntnisse, durch die jahrelange Beschäftigung mit der Materie gesammelt, könnten Fachbücher füllen. Wer das Glück hat, an einer Führung teilzunehmen oder den Vortrag eines Experten zu hören, bekommt Einlass in eine faszinierende Welt.

Ein großer Garten wie auch Geld sind hilfreich, aber nicht Voraussetzung für eine botanische Sammlung. Enthusiasmus und nicht Fläche ist, was letztendlich zählt. Viele der heute bedeutenden Sammlungen wurden einst von Gärtnern in abgelegenen Ecken des Gartens aufgebaut. Lieblingspflanzen, wie Kamille, Alpenveilchen oder Lupinen, wurden besonders aufmerksam gezogen und fast wie Briefmarken gesammelt. Solche Sammlungen, ob von kleinen zierlichen Alpinen oder mächtigen Rhododendren, entstehen nicht über Nacht. Je nach Spezies dauert es Jahre, meist Jahrzehnte, bis man überhaupt von einer Pflanzenkollektion sprechen kann. Gerade in solchen Fällen ist es gut, wenn die Leidenschaft und somit auch das Wissen von Generation zu Generation weitergegeben und so der Fortbestand des Sammlergartens gesichert wird.

Diese umfangreichen Privatkollektionen stehlen manchen botanischen Gärten die Schau und konkurrieren in Vielfalt und Präsentation. Daher sind »Pflanzenpilgerreisen«, stets abgestimmt auf die jahreszeitlichen Blütensaisons, ein fester Bestandteil des Kalenders von Gartenenthusiasten: Cornwall im März für die Magnolien-, Rhododendron- und Camilleablüte, Oldenburg im April/Mai für die Rhododendronblüte und im Frühsommer Baden-Baden für die Rosen.

Merkmale des Sammlergartens

- *Monokultur*
- *Ein prächtiger Höhepunkt zu einer bestimmten Jahreszeit*
- *Farbzusammenstellungen gehen nicht von ästhetischen Gesichtspunkten aus, sondern vom Pflanzensortiment*
- *Matte neutrale Hintergründe, um die Blüten zur Geltung zu bringen*
- *Fundierte Fachkenntnisse, Disziplin und Begeisterung des Besitzers*

Die Blütenpracht von Rosen und Rhododendren

Zwei Pflanzen, die sofortige Aufmerksamkeit verdienen und denen ganze Gärten allein gewidmet sind, sind Rosen und Rhododendren. Wer hat nicht schon mal versucht Rhododendron auf alkalischem Boden zu pflanzen in der Hoffnung, dass er doch durch ein Wunder gedeiht, nur um enttäuscht zu sein? Wer hat nicht schon mit dem Gedanken gespielt einen Bodenaustausch vorzunehmen, nur um dieser Leidenschaft nachzugeben? Hat sich nicht im Laufe eines Gärtnerlebens jeder irgendwann in eine Rosensorte verliebt und alles unternommen, um diese Pflanze zu finden? Wie viele Stunden wurden bei dieser Suche verbracht und wie viele Bücher durchgeblättert?

Manchmal ist unser Eifer so groß, dass wir die goldenen Regeln des Gärtnerns vergessen und unsere heißersehnten Pflanzen an völlig unpassende Standorte setzen. Auf magische Weise hoffen wir, dass unsere Begeisterung sich auf die Pflanze übertragen und das Unmögliche möglich werden könnte.

In der Regel diktiert der Garten selbst, in welche Richtung sich das Pflanzfieber entwickelt: Ob der Garten weitläufig oder klein, voll in der Sonne oder beschattet ist, welcher Bodentyp und welche Pflanzen bereits vorhanden sind und schließlich in welcher Gegend er liegt. So sind Hamburg und die Gegend um Oldenburg mit den herrlichsten Rhododendrongärten angefüllt. Üppig und prächtig gedeihend, scheint es fast so, als ob Rhododendren eigens für solche Orte geschaffen wären.

Feuchte Waldgärten, wie sie im niedersächsischen Raum vorkommen, sind prädestiniert für Rhododendron. Unter dem Schutz von Bäumen mit ausreichend Luftfeuchtigkeit und lockerem humushaltigem feuchtem Boden gedeihen Azaleen und Rhododendren besonders gut und entwickeln sich zu Prachtexemplaren. Kalk- oder Lehmböden, wie auch trockene Luft und tiefer Bodenfrost sind ungeeignet, wie viele Gärtner in Süddeutschland aus eigener Erfahrung gelernt haben.

Rosen, ohne Frage eine der beliebtesten Zierpflanzen des Gartens, gedeihen dagegen unter völlig anderen Bedingungen als Rhododendren: in einem guten Gartenboden von neutral bis alkalisch, lichter offener Lage und ausreichender Bodenfeuchtigkeit. So teilen sich auf ganz natürliche Weise die Landschaften in Rosen- und Rhododendren-Gebiete.

Rosen und Rhododendren stehen zwar an zwei Enden des Gartenspektrums, haben aber viel gemeinsam. Beide sind von der Blüte geprägt und in einer Unzahl von Arten und Sorten erhältlich, von den kleinen Zwergformen bis zu hochwüchsigen Sträuchern. Sie haben auch etwas in ihren Namen gemeinsam: Rhododendron ist griechischen Ursprungs und bedeutet übersetzt – *rhodon* für Rose und *dendron* für Baum – Rosenbaum.

Wer Rosen- und Rhododendrenblüten vergleicht, bemerkt ihre oberflächlichen Ähnlichkeiten in der Qualität der Blüte, den

Eine höhenmäßige Staffelung ist im Rhododendrengarten besonders wichtig. Der bis zu 4 Meter hoch wachsende Rhododendron 'Cunningham's White' (links) blüht in der Regel ab der zweiten Maiwoche, noch vor dem höheren 'Catawbiense Grandiflorum' (Mitte). Wenn man die Höhenentwicklung fortsetzen wollte, wäre als nächstes 'Catawbiense Boursault' an der Reihe. Alle diese großblumigen Hybriden sind winterfest, robust und weit ausladend. Auch wenn diese Rhododendren bis unten voll belaubt sind, ist die Wahl der Begleitpflanzen entscheidend. Hier lilarosa bis hellrosa Heide, *Erica carnea* 'Winter Beauty', und Polsternelke, *Dianthus*, beide in Farbe und Blütenform auf den Rhododendron abgestimmt.

1
2
3
4
5
6
7
8
9

Blüten im Detail –
jede für sich ist eine Schönheit:
1 Großblumiger Rhododendron 'Nova Zembla' im Maxwald, dem älteste Rhododendrongarten Deutschlands.
2 Die *Harkness-Floribunda*-Rose von 1999 'Easy Going' umrahmt von Frauenmantel, *Alchemilla mollis*.
3 Rhododendron 'Lee's Dark Purple' im Aufblühen, die Blütenblätter noch eng zusammengerollt.
4 *Rosa gallica versicolor* 'Rosa Mundi', eine historische Rose, die bereits vor dem 16. Jahrhundert bekannt war, benannt nach der Ehefrau von Heinrich II.
5 Einfache scharlachrote Blüten der Kletterrose 'Dortmund', gezüchtet 1955 von W. Kordes' Söhne.
6 Eine David-Austin-Rose von 1985, 'Abraham Darby', pink, gelb und aprikot angehaucht, öfter blühend, mit herrlichem Duft.
7 Einmal blühende Kletterrose 'Bobbie James' (Sunningdale Nurseries, 1961).
8 Fast wie Porzellan: die Kletter- und Strauchrose 'Blossomtime', edelrosenförmige Blüten, die Außenseite pink, innen hellrosa.
9 Ein Feuerwerk von Farben: Orangegelbfarbige *Rhododendron-luteum*-Hybride, zwischen roten und lilafarbenen Rhododendren.

satten Farben, samtartigen Blütenblättern und den unzähligen Variationen in einfachen und gefüllten Blüten. Sie sind beide nicht immer leicht mit anderen Pflanzen zu kombinieren. Die kräftigen dominanten Farbtöne des Rhododendron erschweren den Zusammenklang mit anderen Blüten. Die Teehybriden und Edelrosen sind von einer starken Farbgebung und starren Gestalt, sodass die Anzahl von geeigneten Partnern gering ist, während Strauch-, Kletter- und historische Rosen sich gut zu anderen Pflanzen gesellen.

Rhododendren – knallige Pracht im Frühjahr

Zu den Rhododendren gehören stets bunte strahlende Farben. Gerade weil ihre Blüten aus den dunklen und schattigen Partien geradezu herausleuchten, erscheint ihre Farbigkeit noch prägnanter. Als Auftakt des Frühlings und zum Ende des langen Winters gibt es nichts Schöneres als die Rhododendronblüte. Ein Spaziergang im März durch die Gärten von Caerhys Castle oder Trelissick, beide in Cornwall, ist erfrischend und inspirierend. Zwischen den Blütenwänden zu gehen, umgeben von intensiven Farben, ist etwas Besonderes. Durch gekonnte Auswahl schaffen es die Rhododendronspezialisten im englischen Klima für Ganzjahresblüte zu sorgen, was diese Gärten auszeichnet.

Für den Uneingeweihten sind die Unterschiede zwischen den Rhododendronarten und -sorten schwer feststellbar. Grundsätzlich werden sie in drei Hauptgruppen, den immergrünen Rhododendron, die sommergrüne Azalee und die wintergrüne Azalee gegliedert, jeweils mit Untergruppen. Zu den immergrünen Rhododendren gehören bekannte großblumige Hybriden wie 'Cunningham's White', *Yakushimanum*-Hybriden, *Williamsianum*-Hybriden, Zwergformen wie 'Praecox' und Wildformen. Sortimentskataloge wie Bruns füllen viele Seiten mit ihrem Angebot, darunter auch einige eigene Züchtungen.

Rhododendren werden meist in größeren Mengen gepflanzt und sind am beeindruckendsten in weitläufigen Waldgärten, wo sie am Gehölzrand und im Schutz der Großbäume entlang der Wege stehen.

Die bestechliche Liebe zu den Rosen

Es gibt kaum einen Garten ohne Rosen. Allein das schier unübersehbare Angebot an Arten und Sorten gibt Hinweise auf die Beliebtheit der Rose. Vieles wurde über die Rose geschrieben, neben unzähligen Fachbüchern und Ratgebern auch Romane und Gedichte. Opulente atmosphärische Bildbände ebenso wie fachlich kompetente Spezialbücher, eine Pflichtlektüre für den begeisterten Laien, sind diesem Thema gewidmet. Die Sortenauswahl ist so groß, dass auch der Experte diese Bücher zusammen mit den Rosenkatalogen als Nachschlagewerke benutzt.

Rosengärten sind traditioneller Bestandteil der Gartenanlagen von Schlössern und Herrenhäusern, aber auch größere Stadtvillen haben häufig ihren eigenen, wenn auch nicht so weitläufigen Rosengarten. Es macht die besondere Qualität der Rose aus, dass sie die bescheidensten Behausungen in etwas Besonderes verwandeln kann. Rosengärten kommen in so vielen Variationen vor, dass es eine passende Form zu jedem Garten gibt. Wie er gestaltet wird und in welcher Kombination von Sorten, Arten oder Formen, ist jedem freigestellt.

Von klassisch strengen historischen Rosenbeeten, bestückt mit Hochstämmen und umrahmt von Buchsbaumeinfassungen, über romantisch locker durchwebte Staudenbeete bis zu lässigen und wilden Kletterrosen an Bäumen, Pergolen, Hauswänden und Eingangstüren, ist die Rose wohl die sich allen Gartenstilen am besten anpassendendste Zierpflanze. Erhältlich in vielen Größen und Gestalten als zierliche Zwergformen, Bodendecker, Beetformen, Sträucher, Hochstämme oder Kletterpflanzen, ist die Auswahl mehr als umfangreich. Es ist vielleicht gerade diese Vielseitigkeit, die so verführerisch ist. Jeder kann in seinem Reich Rosen sammeln und sei es nur in Töpfen auf dem Balkon.

Ein Rosengarten für jeden

In dem breiten Angebot an Rosen – alte historische Rosen (aus der Zeit vor 1867, als die ersten Beetrosen aufkamen), Edelrosen, Kletterrosen und die neu eingeführten Englischen Rosen – hat jede ihre spezifischen Charakteristika. Wenn keine besonderen Vorlieben vorhanden sind, kann man sich bei der Neuanlage eines Rosengartens von der Architektur des Hauses leiten lassen: Historische Rosen zu einem altem Haus, Edelrosen passend zu einem Gründerzeithaus, oder auch eine Mischung von allem, inklusive des breiten Sortiments der Strauch- und Kletterrosen zu einem kleinen Landhaus oder einem modernen Stadthaus. Eine andere Möglichkeit ist, den Rosengarten rund um den Stammbaum einer bestimmten Züchtung aufzubauen, wie beispielsweise 'Gloria Dei'.

Seit der Einführung der Englischen Rosen haben sich neue Möglichkeiten aufgetan. Von bezaubernder Blüte, Farbe und Duft, sind diese Rosen widerstandsfähiger und robuster als einige der alten Rosen und Teehybriden. Als Strauch-, Hochstamm- und oft auch als Kletterrose erhältlich, sind sie vielseitig einsetzbar und gesellen sich gut zu Stauden und *Clematis*. Diese enorme Leistung ist Züchtern wie David Austin zu verdanken, der in seinem eigenen Rosengarten die Anwendungsmöglichkeiten auf hervorragende Art und Weise vorführt.

Fast jede Blume kann eine Leidenschaft auslösen. Gerade diejenigen, die nur für kurze Zeit blühen, sind oft heißbegehrt wie kostbare Juwelen.

1 Narzissen waren seit eh und je beliebt, hier *Narcissus* 'Ice Follies'.
2 Auch wenn sie nur zwei Wochen lang blühen, stehlen diese *Lupinus-Russell*-Hybriden allen die Schau.
3 Tulpen sind einfach verführerisch. Neben den einfachen Farben gibt es auch Hell-dunkel-Mischungen wie die einfache späte Tulpe 'Blue Amiable'.
4 Kombinationen aus Weiß mit Rot oder Weiß mit Orange sind beliebt, wie beispielweise die weiße Tulpe 'White Dream' mit der orange rotgelben 'World's Favorite'.
5 Die Kaktus-Dahlie 'Doris Day'.
6 Zum Narzissenfest bei Kirchners in Niebühl ziehen sich Girlanden von Garten-Hyacinthen (Sorten wie 'Anna Marie'), Tulpen und Narzissen durch die Wiesen, wie die gefüllte *Narcissus* 'Ice King', die weiße, mehrblütige und duftende *Narcissus triandrus* 'Thalia' oder die kleinere *Narcissus triandrus* 'Petrel'.
7 Die lilienblütige *Tulipa* 'Marylin'.
8 Mittelfrüh blühende, dunkel purpurfarbene Triumph-Tulpe 'Negrita'.
9 Diese Schnittblumen aus dem Garten von Chenies Manor zeigen zarte Farbnuancen der Tulpen in modischem Apricot mit einem Hauch von Pink und Gelb ('Blushing Beauty') mit 'Red Shine'.

1

2

3

4

5

6

7

8

9

Mit Blumen leben: Im Garten eines Rosenfans wird jede Gelegenheit wahrgenommen Rosen zu zeigen. Von den kleinen Miniaturrosen in Terrassennähe, zu Kletterrosen auf Wänden und Pergolen bis zu Hochstammrosen umgeben von Bodendeckerrosen. Wie kann man seine Leidenschaft mit der Gartennutzung vereinen? Oft ist eine einfache klassische Gestaltung die beste Lösung. Denn je üppiger und farbenfroher die Blüten, desto zurückhaltender sollte der Rahmen sein. Hecken trennen in diesem Garten einen Bereich vom anderen und verleihen dem Sitzplatz seine Intimität. Einfache niedrige Buchshecken bilden einen würdigen Untergrund für die Rosen – im Vordergrund 'Ballerina', unterpflanzt mit Katzenminze und Storchschnabel.

Rosen haben ihren aus den 50er Jahren stammenden Ruf des Strengen und Künstlichen, wo sie reihenweise wie Soldaten in rechteckige Beete ohne jegliche Begleitung gepflanzt wurden, endlich ablegen können. Sie werden heute oft im lockeren Country-Gartenstil in Verbindung mit *Clematis*, Stauden und Ziergräsern gepflanzt. Es sind aber vor allem die Gärten der wahren Sammler und Rosenexperten, die uns alle begeistern. Hier kann sich durch richtige Auswahl, Standort, Hintergrund und Pflege die maximale Pracht entfalten.

Je nach Klima beginnt die Rosenblüte im Frühsommer etwas früher oder später. Wenn rechtzeitig zurückgeschnitten wird, haben Strauch- und Kletterrosen wie 'Paul's Scarlet Climber', oder Englischen Rosen wie 'Glamis Castle' und 'Graham Thomas' eine zweite Blüte von Mitte August bis September. Der echte Rosenliebhaber versteht es, diese Blühperioden so zu strecken, dass die frühe Blüte in die späte übergeht.

Der Duft einer einzelnen Rose ist bezaubend, die geballte Duftwolke eines Rosengartens in voller Blüte kann problematisch sein. So massiert kann sich die zarte Note in einen schweren, bedrückenden Geruch verwandeln. Die Kunst liegt, wie bei guten Parfums, in den subtilen verträglichen Duftnoten, indem eine Rose auf die andere abgestimmt ist.

Rosengärten werden oft in kräftige Rahmen gesetzt, um die Blüten gut zur Geltung zu bringen. Bei Rosenbeeten, vorn eingefasst mit Buchsbaum oder Lavendel, dienen hohe Hecken als matter neutraler Hintergrund für die Blüte. Pergolen, Obelisken und Girlanden fungieren als rundherum sichtbare Gerüste und verleihen dem Garten auch Struktur in der ruhigen Zeit.

- Eine gute Methode zu entscheiden, welche Rosenart man sammeln möchte, ist, sich von der Architektur und dem Alter des Hauses leiten zu lassen.
- Bei der Auswahl der Rosen sollte man auf das Prüfsiegel der Allgemeinen Deutschen Rosenneuheitenprüfung (ADR) achten, ein Zeichen für gesunde, widerstandsfähige Rosen.
- Rosen sind arbeitsintensiv, sie verlangen unkrautfreien Boden und ein regelmäßiges Pflegeprogramm, um die Pflanzen gesund zu halten.

Sammler und ihre Lieblingskollektionen

Rosen und Rhododendren sind nicht die einzigen Zierpflanzen, die der Mittelpunkt einer Leidenschaft sein können. Auch Narzissen, Tulpen, Lupinen, Lavendel, Taglilien, Dahlien, Iris, Astern, Heidekraut, Helleboren, Hortensien, Japanische Kirschen und viele mehr sind so beliebt, dass sie als umfangreiches Sortiment in manchen Gärten zu sehen sind.

Narzissen mit ihren über 30.000 Arten und Sorten, von denen es ca. 1.500 im Handel gibt, sind wesentlich vielseitiger als man vom spärlichen Angebot der Gartencenter annehmen würde. Von den Neueinführungen bis zu den alten historischen Sorten bieten sie Sammlern ein weites Feld. Durch deren Interesse und Leistungen wurden alte Sorten vor dem Aussterben gerettet.

Noch verbreiteter ist die Leidenschaft für Tulpen. Sie üben seit Jahrhunderten einen besonderen Reiz aus; wer davon infiziert ist, gibt sich nicht mit Pulks von 5 bis 10 Blumenzwiebeln zufrieden, sondern pflanzt hunderte bis tausende im Beet, in Rasenflächen und Töpfen, um sich mit diesen Blütenschönheiten zu umgeben. Die Tulpe nimmt in der Gartengeschichte eine Sonderstellung ein und war bereits mehrmals Mittelpunkt einer fast grotesken Sammelhysterie, wie in Anna Pavords Buch »Die Tulpe« so spannend beschrieben. Von den verrückten Papagei-Tulpen zu den eleganten lilienblütigen Tulpen, zarten Wildtulpen, pfingstrosenähnlichen gefüllten Tulpen und der ruhigen Schönheit der *Viridiflora*-Tulpen gibt es sie in fast jeder Farbe und Schattierung.

Oft sind es nicht nur spezifische Blüten die gesammelt werden, sondern auch Farben. Der weiße Garten ist eine bekannte Form, der blaue ist nicht so häufig. Hier in diesem Sommergarten fühlt man sich fast, als wäre man inmitten von Lavendelfeldern in die Provence versetzt. Ganz im Einklang mit der Farbgebung des Lavendels sind die hübschen großen Doldenblüten der Afrikanischen Lilie, *Agapanthus* 'Blue Triumphator' und der Glyzinie, *Wisteria sinensis.*

Neue, alte Sammlerblumen

Dahlien sind wie Stockrosen und Bartfaden zeitweise aus der Mode gewesen. Doch mit ihrem riesigen Angebot an Farben und Blütenformen wurde die Pflanze neu entdeckt und alte Sorten wieder ausfindig gemacht. Heute tauchen Dahlien wieder auf vielen Gartenschauen auf: Von Kaktus-Dahlien mit ihren langen, spitzen Blütenblättern über Seerosen-Dahlien, anemonenblütigen Dahlien, einfachen Mignon-Dahlien bis hin zu den kugelförmigen, beinahe unwirklichen Pompon-Dahlien. Neue Züchtungen, wie die auffälligen doppelfarbigen Japan-Dahlien, mit ihren weißen Spitzen sind eindeutig etwas für Spezialisten, die gespannt auf neue Sorten warten.

Hinter jeder Züchtung steckt eine Geschichte, manche Sorten sind per Zufall entstanden, manche durch harte Arbeit. Für seltene Züchtungen gibt es oft Wartelisten, andere sind überhaupt nicht auf dem offenen Markt zu erwerben und können nur durch Tausch oder langes Feilschen bezogen werden.

Auf der Suche nach Neuem stößt man auch auf Pflanzen, die früher einmal beliebt waren. Am Ende des 19. Jahrhunderts hatte man eine Vorliebe für das Exotische. Heute wiederum, angetrieben vom Wunsch nach dem »Besonderen«, taucht dieser Stil mit dem markant üppigen, sattgrünen Laubschmuck und den kräftig-farbigen Blüten wieder auf. Blumenrohr, *Canna indica,* früher ein Favorit in der Beetpflanzung, wurde wiederentdeckt und ist ein wichtiger Vertreter des neuen exotischen Stils. Mit einem breiten Spektrum an grünlaubigen, braunlaubigen und buntlaubigen Sorten ist nicht nur die Blüte, sondern auch das Laub attraktiv. Die Pflanzen sind allerdings frostempfindlich, die Rhizome müssen überwintert werden. Aber das alles ist kein Hindernis, denn *Canna* besitzt alle Eigenschaften, die einen Sammler anziehen: farbenprächtig, exotisch und einer besonderen Pflege bedürftig.

(Nächste Doppelseite)
Sommermargeriten sind die Gartenblumen par excellence – ein Muss in jedem Blumengarten, egal ob ländlich, elegant, modern oder sogar als kleine »Wiese«. Hier *Tanacetum* syn. *Chrysanthemum coccineum* 'Regent', eine Züchtung von Georg Arends.

Rabattenregeln

Ein Blumengarten vereint Kunst und Können

Hier im englischen Prachtbeet sind der reihenartige Aufbau und die Höhenstaffelung klar ersichtlich. In diesem Abschnitt, dem Ausklang eines langen Beetes, sind die Pflanzen gleichwertig und verschmelzen für den Betrachter als Farbmasse. Von vorne nach hinten unter anderem: Kugellauch, *Allium* 'Purple Sensation', Storchschnabel, *Geranium psilostemon*, Knautie, *Knautia macedonica*, Schafgarbe, *Achillea*. In der zweiten Reihe von hinter nach vorne: Präriemalve, *Sildalcea malviflora*, Glockenblume, *Campanula lactiflora* 'Prichard's Variety', Schafgarbe, *Achillea* und Salbei. Als Abschluss in der dritten Reihe: Blutweiderich, *Lythrum salicaria*, Kugeldistel, *Echinops ritro*, Rittersporn, Glockenblumen und Rose durchwachsen mit *Clematis*.

Ein Blumengarten ist im Wesentlichen ein Sommergarten. Während der Frühling das Gartenjahr einläutet und der Herbst es ausklingen lässt, steht der Sommer ganz im Zeichen der Blüten. Mühe und Arbeit zielen allein darauf ab, dieses Feuerwerk der Farben zu entfalten. In dieser Zeit rückt die Blumenrabatte in das Zentrum der Aufmerksamkeit. Aller Augen verfolgen die Darbietung der Blumen, hinter der sich die Hand des Gärtners verbirgt, der dieses Schauspiel durch sorgfältiges Auswählen und Positionieren der Pflanzen zu verlängern und zu steigern weiß.

Das Gestalten eines Beets oder einer Rabatte ist vergleichbar mit dem Komponieren von Musik. Wer die Noten nicht kennt, sieht sich vor eine nicht zu bewältigende Aufgabe gestellt. Man denke nur an die Vielzahl an Aspekten, die es zu bedenken gilt: die Größe der Pflanze, die Farbe – nicht nur der Blüte, sondern auch des Blattwerks –, die harmonische Verbindung zu benachbarten Arten. Entscheidend ist auch, ob eine Pflanze eine Nachblüte hervorbringt und wie lange uns ihr Flor voraussichtlich erfreuen wird. Aber nicht die Bepflanzung allein zählt, auch Form und Lage der Rabatte sind ausschlaggebend. Man wird einen Ort auswählen, an dem sie unmittelbar ins Auge fällt und optimale Wachstumsbedingungen hat. In einer schattigen Ecke in Nordlage kann niemand eine verschwenderische Blütenfülle erhoffen.

Gärtnerische Grundkenntnisse

Die berauschend schönen Rabatten, die uns in Zeitschriften und Büchern vorgeführt werden, mögen Modellcharakter haben, doch die Bilder erzählen nur einen Teil der Geschichte. Sie fangen einen Augenblick ein und lassen lediglich erahnen, was an Erfahrung und Hingabe für ihr Gelingen erforderlich war. Wie für alle handwerklichen Tätigkeiten gibt es aber auch hier Grundregeln und Wege, die uns zumindest teilweise in das Geheimnis einweihen, und die Materie auch dem Hobbygärtner Schritt für Schritt zugänglich machen.

Der Umgang mit Pflanzen verlangt außer gesundem Menschenverstand gewisse gärtnerische Grundkenntnisse. Wie anders könnte man sonst eine standortgerechte Pflanzenauswahl treffen und für bestmögliche Wachstumsbedingungen sorgen? Pflanzen brauchen Zuwendung. Wer bereit ist, bewährte Leitlinien zu befolgen, darf auch als unerfahrener Gartenneuling auf Erfolg hoffen. Eine Garantie kann es dennoch nicht geben, denn die Natur lässt sich nicht festlegen, und Überraschungen gehören nun einmal dazu.

Schlüsselelemente sind

- eine den Boden- und Lichtverhältnissen entsprechende Auswahl der Arten unter Beachtung von Größe und Farbwirkung
- Anordnung und Gruppierung der Arten innerhalb des Beets
- Vorbereitung und Bepflanzung
- Pflege

Ein Blumenbeet ist ein kunstvoll arrangiertes Ganzes – in der Natur entfernt vergleichbar mit dem Wegrand, der mit seiner zarteren, weitaus bescheideneren und zurückhaltenderen Farbgebung Aufmerksamkeit erregt. Als Vorfahren der allermeisten Gartenpflanzen wachsen Wildblumen in einer harmonischen Pflanzengemeinschaft, die sich im Lauf der Zeit etablierte und gewährleistet, dass jede Pflanze durch ihre Nachbarpflanze in Zaum gehalten wird, ohne dass ein massives Eingreifen von außen erforderlich ist. Ganz anderer Natur sind die Verhältnisse im Garten, wo die durch Züchtungsprozesse verbesserten, zugleich aber auch anspruchsvolleren Kulturpflanzen ihr Überleben oft einzig und allein der Hand des Gärtners verdanken. Ohne seine Unterstützung würde manche weniger robuste Staude von starkwüchsigeren Arten verdrängt, und das Gleichgewicht in der Rabatte empfindlich gestört werden.

Um eine ausgewogene Rabatte zu gestalten, gilt es gründliche Basisarbeit zu leisten, ganz gleich, ob man sich für eine englische Prachtrabatte, ein kontinentales Staudenbeet oder ein Wiesenbeet entscheidet.

Grundsätzlich ist es leichter, bei der Neuanlage eines Beets bereits vorhandene Pflanzen herauszunehmen und vorläufig in einem anderen Beet zu »parken«, als um die Pflanzen herum zu arbeiten. Eine Ausnahme ist lediglich der Cottage-Garten, wo jeder Neuzugang willkommen ist und immer noch etwas hinzukommen darf, um zum charakteristischen Bild ungehemmter Wuchsfreude beizutragen.

Farbwirkungen bedenken

Verlassen Sie sich nicht auf die Farben in Büchern und Katalogen, denn es kann sich lediglich um Anhaltspunkte handeln, zumal sich die Farbtöne oft durch den Druck verändern. Versuchen Sie deshalb, wo immer möglich, die Pflanze in situ zu betrachten, sei es in einem botanischen Garten, einem Sichtungsgarten, im Garten von Freunden oder dem Gartencenter.

Blütenfarben variieren auch je nach Lichteinfall, Tageszeit, Jahreszeit und den Farben ihrer Nachbarpflanzen. Keine Pflanze im Blumenbeet steht für sich allein, sie verschmelzen miteinander zu einer Einheit und die Farben erscheinen somit zugleich gedämpfter und weniger grell.

Es gibt zahlreiche Bücher, die sich mit der Wirkung von Farben befassen. Das Buch von Penelope Hobhouse »Farbe im Garten«, das schon 1986 erschien, gehört auch nach fast 20 Jahren zu den besten Büchern über dieses Thema, das für eine eingehende Beschäftigung sehr zu empfehlen ist.

Zu warten, bis die Pflanzen erstmals blühen, kommt oft einer einzigen Geduldsprobe gleich, zumal sich eine vermeintlich rosa Rose als aprikosenfarben entpuppen, eine cremefarbene Blüte eher ins Gräuliche als ins Weiße gehen, und der erwartete Blauton des Rittersporns gänzlich anders ausfallen und somit die Wirkung des gesamten Beets zerstören kann. Man wird also auf eine nachträgliche Korrektur kaum verzichten können und, um disharmonische Kombinationen zu vermeiden, Pflanzen herausnehmen, ersetzen oder innerhalb der Rabatte umgruppieren müssen.

Betrachten Sie diese Fehlschläge als Teil des Lernprozesses und vergessen Sie nicht, Ihre Beobachtungen in Form einer kurzen Notiz im Pflanzenkatalog oder Ihrem persönlichen Gartentagebuch festzuhalten.

Signaturpflanzen der Gartenstile

Es gibt Pflanzen, die auf einen Blick Assoziationen zu einem bestimmten Gartenstil und Charakter wecken. So gehören Stockrosen nun einmal zum Cottage-Stil, Kapuzinerkresse in Bauerngärten, Wasserdost *(Eupatorium)* zur modernen kontinentalen Staudengärten und Margeriten in Wiesenpflanzungen. Obwohl die englische Prachtrabatte eine schier unüberschaubare Vielzahl von Arten enthält, werden Rittersporn *(Delphinium)*, Bartfaden *(Penstemon)*, Fackellilie *(Kniphofia)* und Glockenblumen *(Campanula)* doch im Blickpunkt stehen und den Charakter der Bepflanzung prägen. Pflanzen wie Schafgarbe *(Achillea)* und Flammenblume *(Phlox)* erweisen sich als so anpassungsfähig, dass sie sich mit jedem Stil vertragen und buchstäblich überall einfügen.

Die in jedem Kapitel aufgeführten Pflanzenlisten erheben keineswegs den Anspruch umfassend zu sein. Sie sind lediglich als Orientierungshilfe gedacht und in vieler Hinsicht als subjektive Auswahl zu betrachten. Sie entsprechen meinem persönlichen Verständnis von den Hauptkomponenten eines jeden Blumengartenstils.

Da sowohl der Cottage-Garten wie die Prachtrabatte auf einer Fülle von Blütenpflanzen basieren, fällt es schwer die Auswahl einzugrenzen. Erweitern Sie das Spektrum der Pflanzen nach Ihrem eigenen Geschmack, damit auch Ihre Lieblingsgewächse darunter sind.

Gestalt und Wuchs mit einbeziehen

Die Bandbreite unterschiedlicher Pflanzenformen und Größen reicht von kuppelförmigem bis zu fontänenartigem Wuchs und von Pflanzen, die durch ihre Gestalt dominieren oder zurücktreten. Die Kunst besteht darin, nicht nur das Spiel mit den Farben, sondern auch den Formen zu beherrschen – ein Grund mehr, die Pflanze als Ganzes zu betrachten und nicht nur als Blüte.

Unterscheiden Sie zwischen Arten, die eine Stütze benötigen und solchen, die von allein über das erforderliche Standvermögen verfügen. Finden Sie heraus, welche Pflanzen sich von selbst vermehren und ausbreiten. Wo sich Günsel *(Ajuga)*, Sonnenauge *(Heliopsis)* und einige Aster-Arten wohl fühlen, werden sie oft auch zur Plage. Pflanzen, die sich selbst aussamen, können den Reiz einer Bepflanzung zwar steigern, dennoch wird man das, wie Akelei und Königskerzen, die überall aufschießen, nicht immer begrüßen.

Pflanzen wachsen in der Regel nicht alle gleich rasch. Manche brauchen länger, um sich zu etablieren, während man andere förmlich wachsen sieht und wieder andere regelrecht wuchern. Diese Egomanen des Blumenbeets schüchtern die zarteren Pflänzchen ein und erdrücken sie schließlich, wenn man nicht Acht gibt. Brandkraut *(Phlomis russeliana)*, Segge *(Carex)* und einige Storchschnabel-Arten *(Geranium)* verdrängen rigoros, was ihnen im Weg ist – ein Grund, sie in Zaum zu halten.

Als Faustregel kann man sich merken, dass alles was starkwüchsig ist und schnell wächst, meist auch andere verdrängt.

So sehr man einen wuchsfreudigen Bodendecker begrüßen wird, so wichtig ist auf Dauer auch das Gleichgewicht der Rabatte. All diese Faktoren entscheiden über die Kategorie, der diese Arten zuzuordnen sind.

Pflanzplan und Anordnung

Struktur und Ordnung gehören untrennbar zusammen. Selbst das scheinbare Chaos beruht auf einem Muster, und ein Blumenbeet unterscheidet sich darin keineswegs von anderen Kompositionen. Bei der Gestaltung einer Rabatte wird man die Pflanzen nach Höhe und Gestalt zu staffeln versuchen, um eine möglichst optimale Wirkung zu erzielen.

Normalerweise werden Rabatten von weitem und von vorn betrachtet. So gesehen gleichen sie einer Kulisse, die ganz auf das Publikum gerichtet ist. Je weiter wir uns davon entfernen, desto mehr erscheint die Rabatte als Gesamtbild, in dem sich die Details verwischen. Aber gerade aus dieser Perspektive erkennt man die ihr zugrunde liegende Intention und Wirkung am besten. Näher kommend sucht sich das Auge dann einen Punkt, an dem es hängen bleibt.

Dies gilt im Prinzip für alle Blumenbeete, ob traditionell oder modern gestaltet. Statt einer wild durcheinander wirbelnden Vegetation erwarten wir in der Rabatte eine Komposition, in der sich die im Rampenlicht stehenden Hauptdarsteller, von ruhigeren Bereichen eingerahmt, zu einem Ganzen verbinden. Die kleinen Schönheiten und feineren Nuancen sollten bei näherem Betrachten zwar bemerkenswert sein, nicht aber vom Gesamtbild isoliert erscheinen.

Leit-, Begleit- und Füllpflanzen

Wie in allen Lebensformen gibt es auch unter den Pflanzen dominierende und sich anpassende. Leitpflanzen unterscheiden sich von anderen durch ihre Größe und Wuchskraft. Es sind Individuen, die herausragen und als Gruppe eine geradezu überwältigende Wirkung entfalten. Ziergräser wie das Reitgras *(Calamagrostis)* und Chinaschilf *(Miscanthus)*, große Stauden wie Stockmalven und Königskerzen, Rosen und blühende Sträucher sind Solitärpflanzen, die sich als Blickfang eignen. Wie man sie letztlich in der Rabatte verteilt, richtet sich nach den Regeln der Komposition. Generell sind sie so weit auseinander zu setzen, dass sie jeweils genügend Platz haben, um sich zu entwickeln und zur Geltung zu kommen. Begleitet werden sie von zurückhaltenderen Arten, die aber gerade dadurch ihre Wirkung unterstreichen.

Diese untergeordneten Pflanzen oder Begleitpflanzen sind generell kleiner und werden in Dreier-, Fünfer-, in größeren Beeten auch in Siebenergruppen um die Leitpflanzen gesetzt. Immer in ungerader Zahl, werden sie je nach Stil entweder in Bändern oder einer langgezogenen Dreiecksform gepflanzt. Eine Schlüsselrolle nehmen dabei Spannungsbögen und Dynamik ein. Während diese Gestaltungsprinzipien in traditionellen englischen Rabatten auf sehr subtile Weise verwirklicht werden und auf einer konsequenten Hierarchie der Wuchshöhen beruhen, reizt der moderne kontinentale Pflanzstil das Potenzial künstlerischer Spannungselemente geradezu dramatisch aus.

Sobald das Gerüst der Leit- und Begleitpflanzen feststeht, können die Pflanzen dem gewählten Gartenstil entsprechend verteilt werden. Füllpflanzen, die sich gern zu größeren Kolonien zusammentun und mit anderen verbinden, können sich wie Bänder durch das Beet schlängeln, miteinander verweben oder rautenartige Polster bilden. Ovale oder runde Gruppierungen wirken im Bereich großer Flächen weniger gut, da sie als klar abgegrenzte Formen den harmonischen Fluss vermissen lassen. Die einzelnen Bänder oder Polster sollten in Gestalt, Blütenform oder Farbe einen Bezug zu den benachbarten Pflanzen erkennen lassen. Sie können und sollen die Leitpflanzen umspielen und diese mit dem Gesamtbild verbinden.

Der schwierigste Bereich ist der vordere Rand. Hier sind in traditionellen Rabatten die niedrigeren Arten angesiedelt, die unter ihren größeren Partnern hervorzukriechen scheinen, um eine organische Einfassung der Rabatte zu bilden und zugleich sanft zum angrenzenden Rasen oder Pflaster überzuleiten. Dem bevorzugtem Stil Ihres Blumengartens entsprechend wird diese Einfassung streng und gerade oder wie nachlässig und zufällig gestaltet sein. Frauenmantel *(Alchemilla)*, Günsel *(Ajuga)*, die kleineren Glockenblumen wie die Dalmatinische Glockenblume *(Campanula porten-*

schlagiana) und Salbei *(Salvia officinalis)* sind für diesen Bereich wie geschaffen.

Als Orientierungshilfe bewährt sich eine einfache Kategorisierung, die Anhaltspunkte gibt, wo welche Pflanzen in der Rabatte ihren Platz haben. Manche Pflanzen sind so vielseitig, dass sie sich gleich mehreren Kategorien zuordnen lassen und somit hervorragend geeignet sind, um Bereiche zu verbinden. Die Farbzuordnung lässt sich nach Belieben weiter differenzieren.

Pflanze	Farbe	Größe	Rolle
Königskerze *(Verbascum)*	Gelb	hoch	Leitpflanze
Sonnenauge *(Heliopsis)*	Gelb	hoch	Gruppenpflanze
Schafgarbe *(Achillea)*	Weiß	mittelgroß	Gruppenpflanze
Günsel *(Ajuga)*	Blau	niedrig	Gruppenpflanze/ Bodendecker

Das Erstellen einer solchen Liste erleichtert es, die Pflanzen zu vergleichen und zu kontrastieren und einen Pflanzplan zu erstellen. Ziehen Sie auch Kataloge und Bücher zu Rat.

Mengen planen und berechnen

Kalkulieren und Gärtnern gehören zusammen. Kein Gärtner kann die erforderlichen Mengen an Pflanzen einfach abschätzen, er muss sie berechnen. Von daher ist es unerlässlich, einen Pflanzplan zu zeichnen oder zumindest zu skizzieren. Wählen Sie einen Maßstab von 1:50 oder 1:20, um die Mengen an Blumen einzuzeichnen und die beabsichtigte Wirkung zu überprüfen. Messen Sie den Garten oder das Beet aus, und unterteilen Sie die Fläche in überschaubare Bereiche, indem Sie die Lage des Beets im Gesamtplan eintragen. Legen Sie ein Raster über das Beet – mir erleichtert es die Arbeit, die Fläche in 60 Zentimeter breite Streifen zu unterteilen.

Verteilen Sie als Erstes die Leitpflanzen, dann die Begleitpflanzen und als Letztes die Füllpflanzen. Es dauert zwar, bis jede Pflanze in Form eines Kreissymbols in ihrer endgültigen Größe eingezeichnet ist, erweist sich auf lange Sicht aber als Hilfe für die Planung.

Zählen Sie die Mengen zusammen und überprüfen Sie sie anhand der als Richtmenge angegebenen Anzahl pro Quadratmeter und der tatsächlichen Größe des Beets. Falls Sie viel zu viel oder zu wenig Pflanzen für die Fläche vorgesehen haben sollten, müssen Sie Ihre Rechnung überprüfen und wenn nötig die Anzahl der Kreise anpassen. Aus Angst, zu wenig Pflanzen zu haben, runde ich die Mengen gern auf, was sich in der Regel aber erübrigt, denn meistens habe ich stattdessen noch Reserven. Diese Pflanzen warten dann in meiner kleinen Gärtnerei, bis sie irgendwo gebraucht werden.

Überlegen Sie sich, ob Sie möglichst gleich eine optisch wirksame, enge Bepflanzung wünschen, die dann nach zwei bis drei Jahen ausgelichtet werden muss, und ob Sie, angesichts einer eher lockeren Bepflanzung, bereit sind etwas mehr zu Unkraut zu jäten. Das Ausjäten sollte grundsätzlich von Hand erfolgen, lassen Sie die Chemie also im Schrank! Eine Mulchschicht dämmt das Unkraut ein und hält den Boden feucht.

Was die Kodierung und Beschilderung der vorgesehenen Pflanzen betrifft, so entwickelt jeder sein eigenes System, sei es nach Farben, Symbolen oder Initialen. Aus Erfahrung verwende ich gerne die Anfangsbuchstaben der lateinischen Namen – wie etwa CcL für *Crocosmia* x *crocosmiiflora* 'Lucifer' – was mir selbst klar und logisch erscheint. Nichts ist vor Ort so verwirrend, als wenn man ständig auf einer Legende die Pflanzen entschlüsseln muss. Suchen Sie also eine möglichst einfache Lösung.

Notwendiges Arbeitsmaterial

- Gut bebilderte aktuelle Pflanzenkataloge, denn man kann nur mit dem arbeiten, was lieferbar ist
- Die Maße der Beete
- Skizzenpapier
- Gute Buntstifte, am besten Polychromos von Faber-Castell

Sobald der Pflanzplan erstellt ist und die Mengen feststehen, können die Kosten errechnet und die Pflanzen geordert werden. Selbst für ein nur etwa 20 Quadratmeter großes Blumenbeet benötigen Sie durchschnittlich 100 Pflanzen. Um sicherzustellen, dass die Gärtnerei die jeweils erforderlichen Mengen liefern kann, empfielt es sich, die Ware rechtzeitig vorzubestellen und einen Abholtermin zu vereinbaren.

Bepflanzung des Beets

Das Pflanzen bzw. Aussäen sollte in einem Arbeitsgang erfolgen. Stellen Sie anhand des Pflanzplans sämtliche noch eingetopften Pflanzen auf den gründlich vorbereiteten und von Unkraut gesäuberten Boden, und begutachten Sie die Wirkung des Beets, indem Sie da und dort noch etwas zurechtrücken. Vermeiden Sie nach Möglichkeit, auf dem Boden herumzutrampeln, was jedes Mal die Erde verdichtet.

Wenn Sie mit dem Bild zufrieden sind, nehmen Sie Block für Block die Töpfe weg und setzen die Pflanzen ein. Machen Sie es sich zur Regel, die Pflanzen gut anzugießen; stellen Sie einen Eimer Wasser bereit, um Pflanzen mit trockenem Wurzelballen vorher einzutauchen.

Dankbare Pflanzen

Wer seine Blumen im Verlauf des Jahres immer wieder beobachtet, wird bald schon erkennen, welche sich in mehrfacher Hinsicht als dankbar erweisen, sei es durch eine außergewöhnlich anhaltende Blütezeit, besonders schönes Blattwerk oder ihr reizvolles Winterbild. Kein Wunder, dass es diese Pflanzen sind, die uns im Cottage- oder Bauerngarten, aber auch in kontinentalen Staudengärten immer wieder begegnen.

Im Allgemeinen handelt es sich um robuste Arten, die ausdauernd blühen und mit ihren charakteristischen Fruchtständen auch im Winter ins Auge fallen, wie Schafgarbe *(Achillea),* Zierlauch *(Allium aflatunense),* Brandkraut *(Phlomis),* Fenchel *(Foeniculum)* und Fetthenne *(Sedum-telephium*-Hybriden).

Pflanzen, die sich selbst aussamen, wie Schleier-Verbene *(Verbena bonariensis),* Scheinmohn *(Meconopsis)* und Fingerhut *(Digitalis)* sind, solange man sie in Zaum hält, eine willkommene Ergänzung. Eine gut eingewachsene Blumenwiese ist ihr Geld wert, da sie Jahr für Jahr von selbst voller und schöner wird.

Verführung zum Pflanzenkauf

Blumen stellten für den Menschen von jeher eine Versuchung dar. Ebenso wie Eva im Garten Eden nicht widerstehen konnte, vom Apfel zu kosten, wird der Gartenfreund kaum je aus einer Gärtnerei oder dem Gartencenter hinausgehen können, ohne etwas zu kaufen. Auch nach einer Gartenführung ist der Gang zur Gärtnerei nicht zu verhindern.

Obwohl eine goldene Regel heißt, sich zu keinen Impulskäufen hinreißen zu lassen, halten sich die wenigsten daran. Da es mir in dieser Hinsicht nicht besser geht als anderen, empfinde ich es als hilfreich mir vorzustellen, wo ich die betreffenden Arten einpflanzen könnte, bevor ich den Geldbeutel aufmache. Wenn ich merke, dass sie bei mir nicht gut aufgehoben wären, oder mir einfach die Zeit für sie fehlt, lasse ich sie lieber auf dem Regal stehen, damit sie auf bessere Obhut warten. Denn als Hüter der Pflanzen werden wir ihnen nur gerecht, wenn wir uns um sie kümmern, sie bestmöglich pflegen und betreuen und in Gemeinschaften einbinden, in denen sie sich wohl fühlen.

Bei der Auswahl der Pflanzen sollten Sie sich nicht allein von der Blüte verführen lassen und schon gar nicht von der vagen Vorstellung, dass Sie sie schon einmal in einem Buch gesehen haben. Betrachten Sie sich die Pflanzen immer erst vor Ort. Besichtigen Sie möglichst viele Gärten, und machen Sie sich mit den Pflanzen zu den verschiedenen Jahreszeiten vertraut. Versuchen Sie, ihre Namen zu lernen und stellen Sie sich Ihr persönliches Pflanzenvokabular zusammen.

Beachten Sie, dass Stauden kaum je isoliert wachsen, sondern in Gemeinschaften, die einander ergänzen. Pflanzen entwickeln sich – wir kaufen sie als kleine Topfpflänzchen, oft ohne eine Vorstellung von ihren endgültigen Ausmaßen zu haben. Aber ebenso wie das süße Hundebaby, das sich zu einem großen Hund entwickelt, sorgen auch Pflanzen für Überraschungen. Bedenken Sie auch, in welchem Teil der Welt ihr Garten liegt, bevor Sie sich für exotische Arten entscheiden, und überlegen Sie, wie diese in einer ganz anderen als ihrer natürlichen Umgebung wirken werden.

Gartenpflege

Der Garten ist ein Kampfplatz. Der passionierte Gärtner ist immer auf der Hut vor Feinden und stets bemüht, jeden Schlag im Vorhinein abzuwehren. Besonders wichtig ist die gründliche und gute Vorarbeit. Die Beete müssen von Unkraut gesäubert und hergerichtet sein, bevor mit dem Pflanzen begonnen werden kann. Während so mancher Gärtner eine Vorliebe für Herbizide und andere fragwürdige, weil umweltschädliche Maßnahmen zu haben scheint, erweisen sich traditionelle Methoden wie das Umgraben von Hand oder das Ausbringen und Einarbeiten organischer Bodenverbesserer auf lange Sicht als weitaus effektiver. Das Unkraut einzudämmen gelingt ohnehin am besten von Hand, zumal es den Gärtner seiner Arbeit näher bringt.

In der Anfangsphase, bevor die Pflanzen richtig angewachsen sind, ist der Pflegeaufwand zwangsläufig größer. Nur durch regelmäßiges Wässern wird man der Pflanzung, und dazu gehören durchaus auch die trockenheitsverträglicheren Pflanzen, einen guten Start gewährleisten. Was die Schädlingsbekämpfung anbetrifft, mag jeder seine eigene Entscheidung treffen, ebenso, ob zusätzlich gedüngt werden soll. Der Handel hält eine ganze Reihe organischer und mineralischer Produkte bereit, deren Vor- und Nachteile in allen guten Gartenzeitschriften aufgeführt sind. In manchen der in diesem Buch vorgestellten Blumengärten wurde auf den Gebrauch dieser Produkte bewusst verzichtet, und somit allein auf die natürlichen Standortbedingungen vertraut. In traditionellen Blumengärten erweist sich guter, selbst aufgesetzter Kompost zur Anreicherung des Bodens als unübertrefflicher Garant für gesundes Wachstum.

Je nach Art des Blumengartens wird der Rückschnitt der Stauden, der Gehölzschnitt oder das Mähen mehr Raum einnehmen. Bevor Sie sich also für einen bestimmten Gartentyp entscheiden, sollten Sie auch diesen Pflegeaufwand berücksichtigen.

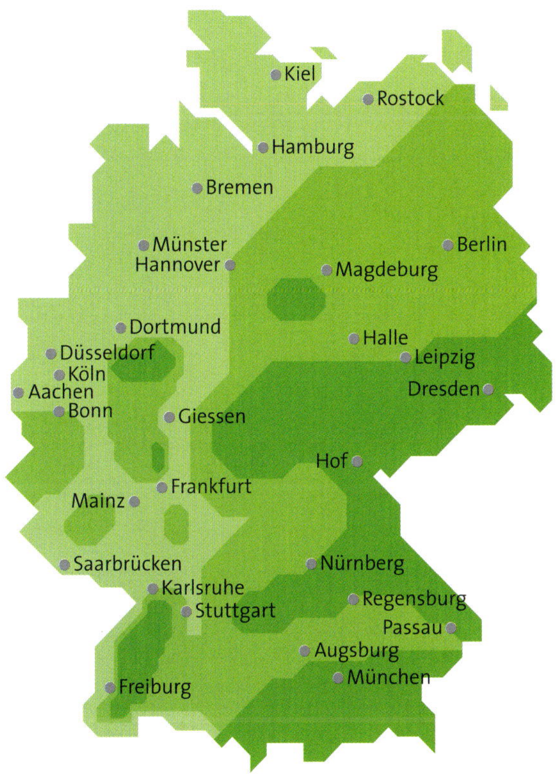

Ein Überblick über die Frosteinwirkungszonen gemäß dem »Merkblatt für die Verhütung von Frostschäden an Straßen«. Diese Angaben sind auch für den Gärtner nützlich und geben Hinweise auf den sinnvollen Einsatz von Pflanzen. Diese Zonen können jedoch nur als Richtwerte dienen, denn lokale Klimaverhältnisse wie etwa Frostlöcher, Nordhänge oder Höhenlagen sind ebenso maßgebend.

Zone 1:
Bedingt winterharte Pflanzen möglich

Zone 2:
Nur winterharte Pflanzen

Zone 3:
Nur winterharte, besonders robuste Pflanzen möglich

Als Gegenstück zum Prachtbeet ist der Cottage-Garten spontan, ungeordnet und von allen Seiten einsehbar. Übervoll mit Blumen ist kaum ein Quadratzentimeter dieses guten Gartenbodens frei von Bewuchs. Der Weg, mehr Trampelpfad als Spazierweg, ist auf ein notwendiges Minimum beschränkt. Die Pflanzen wiederholen sich, dabei ist Schafgarbe eine der wichtigsten Arten dieses Blumengartens, hier die weiße *Achillea-Clytopetala*-Hybride 'Moonshine' und die gelbe 'Anthea'. Sie bilden eine waagrechte Masse aus der sich die senkrechten Leitstauden wie die stattlichen Lupinen, *Lupinus* 'The Governor' und Schlafmohn, *Papaver somniferum*, emporstrecken.

Stauden und Ziergräser – Empfohlene Stückzahl pro Quadratmeter

Stauden		(* Pflanze wuchert)
Achillea filipendulina	Gelbe Schafgarbe	5–7
Ajuga reptans	Günsel	8–16*
Alchemilla mollis	Frauenmantel	5–7
Aster novae-angliae	Rauhblatt-Aster	2–3
Bistorta amplexicaulis	Kerzen-Knöterich	3
Boltonia asteroides	Scheinaster	2–3*
Campanula lactiflora	Dolden-Glockenblume	3
Campanula persicifolia	Pfirsichblättrige Glockenblume	5–7
Campanula poscharskyana	Hängepolster-Glockenblume	8–12
Crambe cordifolia	Meerkohl	1
Crocosmia masoniorum 'Lucifer'	Montbretie	4–6
Delphinium	Rittersporn	2–3
Echinacea purpurea	Purpur-Sonnenhut	5–6
Echinops-Arten	Kugeldistel	3–5
Epilobium	Weidenröschen	3–4
Eupatorium maculatum	Wasserdost	1–2
Filipendula rubra 'Venusta'	Rotes Mädesüß	2–3
Geranium x magnificum	Pracht-Storchschnabel	5
Geranium psilostemon	Armenischer Storchschnabel	3–4
Gypsophila paniculata	Hohes Schleierkraut	2–3
Helenium-Hybriden	Sonnenbraut	2–3
Helianthus decapetalus	Stauden-Sonnenblume	2–3
Hemerocallis-Hybriden	Taglilie	3–4
Knautia macedonica	Knautie	3–4
Kniphofia-Hybriden	Fackellilie	3–5
Leucanthemum-maximum-Hybriden	Garten-Margerite	4–7
Liatris spicata	Prachtscharte	7 10
Lychnis coronaria	Lichtnelke	7–10
Lythrum salicaria	Blutweiderich	5–7
Monarda-Hybriden	Indianernessel	4–6
Nepeta x faassenii 'Six Hills Giant'	Katzenminze	4–6
Phlomis russeliana	Brandkraut	3–6*
Phlox-paniculata-Hybriden	Flammenblume	3–6
Rudbeckia fulgida	Sonnenhut	5–9
Rudbeckia nitida	Großer Sonnenhut	1–3
Rudbeckia triloba	Schleier-Sonnenhut	2–3
Salvia nemorosa	Ziersalbei	6–9
Sanguisorba tenuifolia 'Alba'	Weißer Wiesenknopf	2–4
Sedum-telephium-Hybriden	Hohe Fetthenne	4–6
Solidago-Hybriden	Goldrute	4–7
Stachys byzantina	Ziest	7–12
Veronicastrum virginicum	Kandelaber-Ehrenpreis	2–3

Ziergräser		
Achnatherum calamagrostis	Silberährengras	2–3
Molina arundinacea	Pfeifengras	1–2
Panicum virgatum	Rutenhirse	2–3
Pennisetum alopecuroides	Lampenputzergras	2–3
Stipa gigantea	Riesenfedergras	1–2

Die wichtigsten Merkmale der verschiedenen Gartenstile im Überblick

	Bauerngarten	Cottage-Garten	Englische Prachtrabatten
Garten- oder Beetform	Rechteckige Beete, geteilt durch schmale Wege	Flächendeckend über den ganzen Garten schmale Wege	Rechteckiges, langgestrecktes Einzel- oder Doppelbeet
Pflanzensortiment	Nutzpflanzen: ausgesucht nach ihrem Ertrag und gärtnerischen Gesichtspunkten, kaum nach Schönheit	Durchmischtes Sortiment: Stauden, ein- und zweijährige Pflanzen, Geophyten und einzelne Sträucher, teils gepflanzt, teils verwildert	Ausgesuchte Pflanzen: primär Stauden, Einjährige als Lückenfüller im vorderen Bereich, auch Geophyten und einzelne Ziersträucher an markanten Punkten
Signaturblumen/Leitstauden	Pfingstrosen, Zinnkraut, Phlox, Ringelblumen, Kapuzinerkresse	Umfangreich, u.a. Stockrosen, Cosmea, Rosen, Lavendel, Dahlien	Umfangreich, u.a. Fackellilien, Astern, Schafgarbe, Rittersporn, Storchschnabel, Phlox
Gruppierung	In Reihen, Blumen hauptsächlich in Zwischenflächen und Lücken	Flächendeckend, ohne erkennbares Muster, verstreut und einzeln, selten in großen Gruppen	Beetdeckend, erkennbare Struktur: Begleitstauden in größeren Gruppen, Leitstauden in kleinen Gruppen oder einzeln
Höhenabwicklung	Unterschiedlich, je nach Bestückung des Beets	Zufällig, ohne erkennbare Struktur, alle Größen vertreten	Dreieck-Staffelung, strenges Arrangement, vorne niedrig, hinten hoch
Farbgebung	Zufällig, bunt mit hohem Grünanteil, Höhepunkt im Sommer	Zufällig, kunterbunt mit Höhepunkt im Sommer, aber verstreute Farbkleckse zu anderen Jahreszeiten	Mit Bedacht komponierte Farbharmonie: Pastelltöne, warme oder kalte Töne entfalten sich entlang des Beets, Höhepunkt im Sommer
Schemaplan	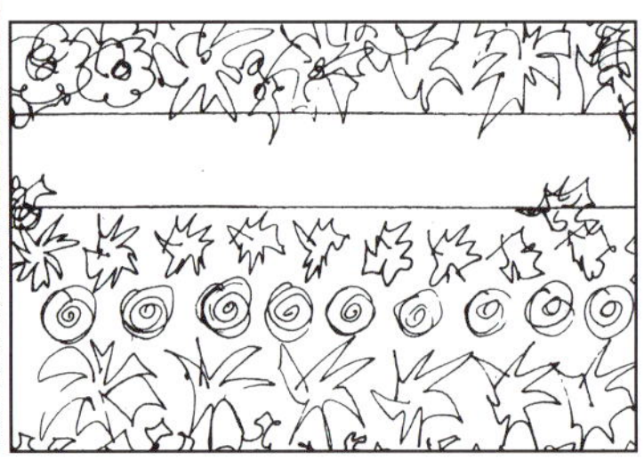		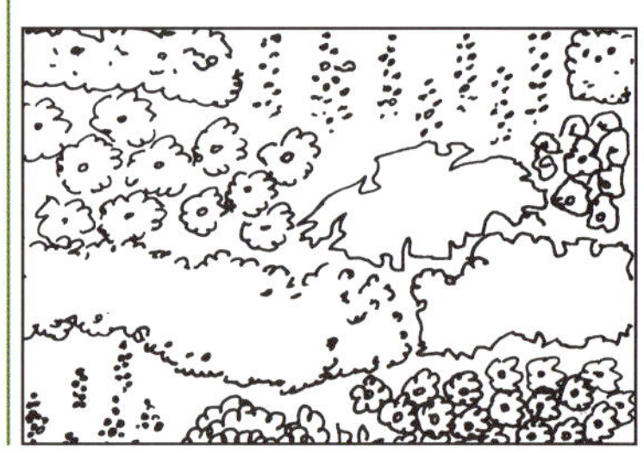

Kontinentale Staudenrabatten	Naturnahe Wiesen	Gärtnerische Wiesen
Amorphe, organische Beete und große Inselbeete, oft flächendeckend über den ganzen Garten	Flächendeckend, über große Bereiche	Je nach Typ unterschiedlich, von flächendeckend bis zu Inselbeeten
Spezifische standortgerechte Pflanzen: winterharte, robuste, langhaltende Stauden, Ziergräser und Geophyten, Ganzjahreswirkung	Auf den Standort abgestimmte Artenzusammenstellung mehrjähriger Kräuter und Gräser	Optische Anlehnung an naturnahe Wiesen, aber häufig bestimmte Arten vorherrschend, z.B. Geophyten, Verwandtschaft mit Staudenbeeten
China-Schilf, Wasserdost, Wiesenknopf, Indianernessel, Purpur-Sonnenhut, Schafgarbe	Artenreich, je nach Wiese unterschiedlich, hoher Anteil an Kräutern, aber auch Margerite und Kornblume	Je nach Typ unterschiedlich, z.B. Klatschmohn in Ackerwiesen, Gänseblümchen in Blumenwiesen
Flächendeckend, erkennbare Struktur: großzügige Inseln und Bänder mit Leit- und Begleitstauden, herausragende Einzelpflanzen	Flächendeckendes enges Netzwerk von einzelnen Arten, die zu einem Ganzen fusionieren	Flächendeckendes Netzwerk engwachsender Pflanzen
Etagenmäßig, Blocks und Bänder von mittlerer bis hoher Gestalt, abwechselnd im Vorder- und Hintergrund	Gleichmäßige mittlere Höhe	Je nach Typ einheitliche Höhe, Blumenrasen in Knöchelhöhe, sonst Kniehöhe, Prärie-Wiesen Hüfthöhe
Wechsel zwischen harmonischen Partien und kontrastreichen gewagten Kompositionen, von Frühsommer bis Spätherbst, monochrome Wirkung im Winter	Bunt durchmischt, pointillistisch mit Fernwirkung, Sommerwiesen, oft nur von kurzer Dauer	Je nach Typ verschieden, großflächig leuchtende Grundfarben bei Verwendung von wenigen Arten oder bunt durchmischt bei Wiesenbeeten

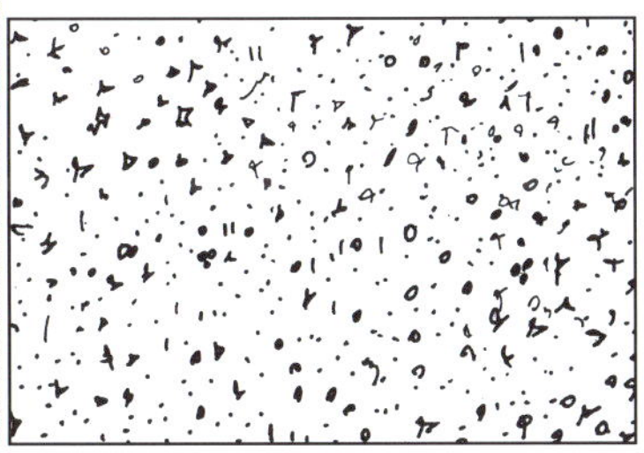

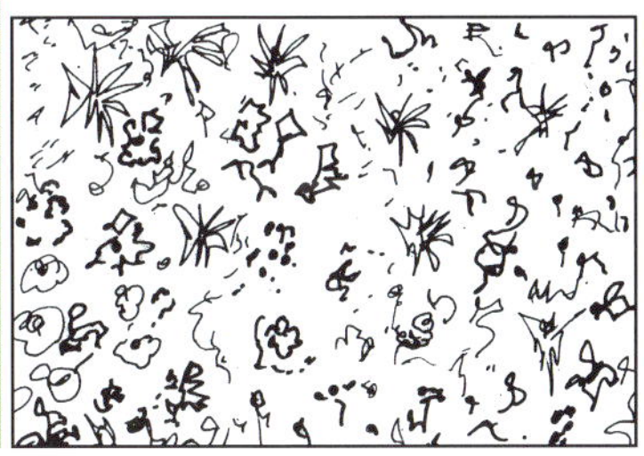

Beispielhafte Blumengärten

Nachfolgend eine kleine Auswahl von sehenswerten Gärten. Die Öffnungszeiten können Sie folgenden Führern entnehmen, die jeweils auf dem neuesten Stand gehalten werden, und gegebenenfalls vor einen Besuch noch einmal telefonisch nachfragen.

Deutschland
Ronald Clark: **Garten-Reiseführer,** München 2003

England
Peter King: **The Good Garden Guide**

The National Trust: **Handbook for Members and Visitors** (oder im Internet: www.nationaltrust.org.uk/gardens)

The National Gardens Scheme Charitable Trust: **Gardens of England and Wales Open for Charity** (oder im Internet: www.ngs.org.uk)

Deutschland

Schau- und Sichtungsgärten

Schau- und Sichtungsgarten Hermannshof, Weinheim, Baden-Württemberg (Seite 81)

Westpark, München, Bayern (Seite 35, 104 (9))

Sichtungsgarten Weihenstephan, Freising, Bayern

Schaugarten der Staudengärtnerei Gaißmayer, Illertissen, Bayern

Schau- und Sichtungsgarten Freundschaftsinsel, Potsdam, Brandenburg

Gartenanlagen Gedenkstätte Karl Foerster, Potsdam-Bornim, Brandenburg (Seite 84 (1) und (9))

Schaugarten der Baumschule Lorenz von Ehren, Hamburg

Klosterkielhof, Hude-Wüsting, Niedersachsen

Schaugarten der Staudengärtnerei Arends-Maubach, Wuppertal-Ronsdorf, Nordrhein-Westfalen (Seite 89, 126/127, Vorsatzpapier)

Rosengärten

Rosengarten Gönneranlage, Baden-Baden, Baden-Württemberg

Internationaler Rosenneuheitengarten Beutig, Baden-Baden, Baden-Württemberg

Das Deutsche Rosarium, Westfalenpark, Dortmund, Nordrhein-Westfalen

Europa-Rosarium, Sangershausen, Sachsen-Anhalt

Rosarium Uetersen, Uetersen, Schleswig-Holstein

Rhododendrongärten

Rhododendronpark Schloss Dennenlohe, Unterschwaningen, Bayern

Maxwald Park, Westerstede, Niedersachsen (Seite 118 (1) und (3))

Rhododendronpark Gristede, Bad Zwischenahn-Gristede, Niedersachsen

Rhododendron-Waldpark Hobbie, Westerstede, Niedersachsen

Bauerngärten

Freilichtmuseum An der Glentleiten, Großweil, Bayern

Bauerngärten im Museumsdorf Volksdorf, Hamburg

Bauerngärten des Museumsdorfes Cloppenburg, Niedersachsen

Westfälisches Freilichtmuseum, Detmold, Nordrhein-Westfalen

Niederlande

Piet und Anita Oudolf, Hummelo, Niederlande, www.oudolf.com (Seite 15, 76, 82, 86, 90/91)

Ton ter Linden, In de Tuinen van Ruinen, Niederlande, www.indetuinenvanruinen.nl

England

National Trust Gärten:
www.nationaltrust.org.uk/gardens
Hidcote Manor Garden, Gloucestershire (Seite 2, 65 (4), 121 (8))
Packwood House, Warwickshire (Seite 65 (1))
Sissinghurst Castle Garden, Kent (Seite 6, 31 (3))

Royal Horticultural Society (RHS) Sichtungsgärten:
www.rhs.org.uk/gardens/index.asp
RHS Harlow Carr, Yorkshire
RHS Rosemoor, Devon
RHS Wisley, Surrey

Weitere berühmte Gärten

Arley Hall Gardens, Cheshire, www.arleyhallandgardens.com

The Beth Chatto Gadens
Elmstead Market
Colchester

Chatsworth House Gardens
Derbyshire (Seite 121 (2))

Chenies Manor Garden
Buckinghamshire (Seite 121 (3), (4) und (9))

Great Dixter, East Sussex, www.greatdixter.co.uk

Hadspen Garden, Castle Cary, Somerset, www.hadspengarden.freeserve.co.uk

Helmingham Hall, Kent (Seite 74/75)

The Priory, Kemerton, Gloucestershire (Seite 32 (3), 60, 65 (3), 66, 70 (8), 73)

Sticky Wicket, Buckland Newton, Dorset (Seite 31 (2), 36 (1), 84 (3), 136)

Stourton House Garden, Stourton, Wiltshire (Seite 9, 70 (2))

Bezugsquellen für Pflanzen und Samen

Staudengärtnereien

Garten von Ehren
Maldfeldstraße 2, 21077 Hamburg
www.garten-von-ehren.de

Arends Maubach
Stauden & Gartenkultur
Monschaustraße 76
42369 Wuppertal
www.arends.de

Foerster-Stauden
Am Raubfang 6
14469 Potsdam-Bornim
www.foerster-stauden.de

Staudengärtner Dieter Gaissmayer
Jungveihweide 3, 89257 Illertissen
www.gaissmayer.de

Ewald Hügin
Zähringer Straße 281, 79108 Freiburg

Peter und Bärbel zur Linden
Linner Kirchweg 2
49143 Bissendorf/Linne

Kayser & Seibert
Wilhelm-Leuscher-Straße 85
64380 Roßdorf
www.kayserundseibert.de

Staudengärtnerei Klose
Rosenstraße 10, 34253 Lohfelden
www.staudengaertner-klose.de

Wolfgang Linnemann
Rheindorfer Straße 49, 53225 Bonn
www.paeonien.de

Ernst Pagels
Deichstraße 4, 26789 Leer

Sortiments- und
Versuchsgärtnerei Simon
Staudenweg 2
97828 Marktheidenfeld
www.gaertnerei-simon.de

Stefan Strasser Lilienspezialkulturen
Büro: Budapester Straße 20
91056 Erlangen
www.lilien-strasser.de

Jürgen Wagschal
Klosterbergenstraße 26
21465 Reinbeck
www.dahlias.de

Staudengärtnerei
Gräfin von Zeppelin
Weinstraße 2, 79295 Sulzburg-Laufen
www.graefin-v-zeppelin.com

Blumenzwiebeln

Bloms Bulbs – Primerose Nurseries
NL-Melchbourne, Beds MK44 1ZZ
www.blomsbulbs.com

Horst Gewiehs GmbH
Postfach 30, 37285 Wehretal

Heritage Bulbs
Tullynally Castle
County Westmeath, Ireland
www.heritagebulbs.com

Albert Hoch
Potsdamer Straße 40, 14163 Berlin

Kurt Kernstein
Stätzlinger Straße 94 a
86165 Augsburg

Rosen

David Austin Roses
Bowling Green Lane
Wolverhampton WV7 3HB, England
www.davidaustinroses.com

Rosen Jensen
Am Schloßpark 2b, 25821 Glücksburg

R. Harkness & Co. Ltd
The Rose Garden, Cambridge Rd.
Hitchin, Herts. SG4 OJT, England
www.roses.co.uk

Rosenvertrieb Kalbus jun.
Danziger Straße 32, 90518 Altdorf
www.kalbus.de

W. Kordes Söhne
Rosenstr. 54, 25365 Klein Offenseth
www.kordes-rosen.com

Rosenhof Schultheis
Bad Nauheimer Straße 3–7
61231 Bad Nauheim-Steinfurth
www.rosenhof-schultheis.de

Rosenwelt Tantau
Tornescher Weg 13, 25436 Uetersen
www.rosen-tantau.com

Rhododendren

Bruns Pflanzen
26160 Bad Zwischenahn
www.bruns.de

Hobbie Rhododendron-Kulturen
Zum Hullen 3, 26655 Westerstede
www.hobbie-rhodo.de

Seidel Rhododendron-Kulturen
Rudolf-Seidel-Straße 1
01936 Grüngräbchen

Sämereien: Naturnahe Wiesen

Deutsche Rasengesellschaft (DRG)
Godesberger Allee 142, 53175 Bonn
www.rasengesellschaft.de

GFG-Gesellschaft für Grün mbH
Wehlingsweg 6, 45964 Gladbeck
www.gfg.info

Juliwa-Hesa GmbH
Mittelgewannweg 13
69123 Heidelberg
www.juliwa-hesa.de

Otto Hauenstein Samen OG
Bahnhofstraße 92
CH-8197 Rafz
Schweiz
www.hauenstein.ch

Hesa Saatengroßhandlung GmbH
Haideäckerstraße 8
A-2325 Himberg bei Wien
Österreich
www.hesa.co.at

Optimax
Saatenvertrieb-GmbH
Schillerstraße 11
72144 Dusslingen
www.optimax.de

Rieger Hofmann
In den Wildblumen 7
74572 Blaufelden-Raboldshausen
www.rieger-hofmann.de

Rodolff Feldsaaten GmbH
Sereetzer Straße 8
23611 Sereetz
www.rudloff.de

Sämereien: Prärie-Samen

Jelitto Staudensamen GmbH
Am Toggraben 3
29690 Schwarmstedt
www.jelitto.com

Prairie Nursery
P.O. Box 306
Westfield, WI 53964
USA
www.prairienursery.com

Sämereien: Allgemein

Thompson & Morgan
Postfach 1069, 36243 Nierderaula
www.thompson-morgan.com

Thysanotus- Samenversand
Uwe Siebers
Schulweg 21, 28876 Oyten
www.thysanotus-samenversand.de

Literatur

Standardwerke

Richard Hansen, Friedrich Stahl: **Die Stauden und ihre Lebensbereiche in Gärten und Grünanlagen.** Stuttgart (5. Auflage) 1997

Leo Jelitto, Wilhelm Schacht, Hans Simon: **Die Freiland-Schmuckstauden – Handbuch und Lexikon der Gartenstauden** (2 Bde). Stuttgart (5. Auflage) 2002

Allgemeines

Jill Billington, Clive Nichols: **Wo eins zum andern passt – Gartenpflanzen gekonnt kombinieren.** Hildesheim 1999

Bernd Hertle, Peter Kiemeier, Marion Nickig: **Gartenblumen.** München 1993

Giesela Keil, Jürgen Becker: **Die Kunst der Beete.** München 2003

Graham Rice: **Discovering Annuals.** London 1999

Rosemary Verey: **Rosemary Verey's Garden Plans.** London 2003

Farben

Penelope Hobhouse: **Farbe im Garten.** Stuttgart 1997

Christopher Lloyd: **Faszination Farbe im Garten.** München 2002

Nori und Sandra Pope: **Gärten in Weiß, Gelb, Rot oder Blau – Effektvolle Farbklänge für den eigenen Garten.** München 1999

Rosemary Verey: **Formen und Farbe im Garten.** München 2002

Cottage-Gärten

Geoff Hamilton: **Geoff Hamilton's Cottage Gardens.** London 1995

Edward Hobday: **Cottage Gardening or Flowers, Fruits and Vegetables for Small Gardens.** London 1877

Sylvia Landsberg: **The Medieval Garden.** London 2002

Charlie Ryrie: **The Cottage Garden.** London 2003

Jane Taylor, Andrew Lawson: **The English Cottage Garden.** London 1994

Bauerngärten

Werner Dittrich: **Bäuerliche Gärten.** Stuttgart 1984

Gisela Keil, Christa Brand, Giesela Caspersen: **Stimmungsvolle Bauerngärten.** München 2001

Christiane Waldmayr: **Bauerngärten neu entdeckt.** München 1990

Dietmar Wolf, Ursula Unterweger: **Das große Buch der Bäuerngärten.** Würzburg 1990

Englische Prachtrabatten

Penelope Hobhouse:
On Gardening. London 1994
Meine Leidenschaft – der Garten. Köln 1995

The National Trust – A Book of Gardening. London 1986
Die schönsten Blumengärten. Stuttgart 1992

Gertrude Jekyll:
Colour Schemes for the Flower Garden. London 1914
Pflanzenbilder aus meinen Garten. Stuttgart 1988
Wood and Garden. London 1899, Reprint 1981
The Gardener's Essential – Gertrude Jekyll, New York 1964

Christopher Lloyd:
Christopher Lloyd's Blumengarten. Starnberg 2000
Der Cottage-Garten. Starnberg 2000
Kleine Gartenparadiese – Der Cottage-Garten. Köln 1990
The Well-Tempered Garden. London 2001

Kontinentale Staudengärten

Karl Foerster: **Einzug der Gräser und Farne in die Gärten.** Stuttgart (7. Auflage) 1988

Karl Foerster: **Neuer Glanz des Gartenjahres.** Stuttgart (9. Auflage) 1991

Karl Foerster: **Vom Blütengarten der Zukunft.** Berlin, 1922

Marianne Foerster, Ulrich Timm, Gary Rogers: **Karl Foerster's Pflanzen und Gärten** (Arbeitstitel). München 2005 (noch nicht erschienen)

Richard Hansen: **Sichtungsgarten Weihenstephan.** München 1971

James Hitchmough, Amanda Stokes: **Working with nature.** The Garden (Zeitschrift), August 2002

Wolfgang Ohme, James van Sweden: **Die Neuen Romantischen Gärten.** München 1990

Piet Oudolf, Noel Kingsbury: **Neues Gartendesign mit Stauden und Gräser.** Stuttgart, 2000

Blumenwiesen und Wiesenbeete

Noel Kingsbury: **Wildblumen-Gärten – Ein Ratgeber der Royal Horticultural Society.** München 1994

Christopher Lloyd: **Meadows.** London 2004

www.prairienursery.com

www.rieger-hofmann.de

www.stmlf.bayern.de/gartenbau/freizeit/gartengestaltung/lebens-bereich/rasen_blumenwiese

Rosen

David Austin: **Alte Rosen und Englische Rosen – Träume in Duft und Farbe.** Köln 1993

David Austin: **Vom Zauber englischer Rosen.** München 1999

Zita Bauch-Troschke, Christa Brand, Gisela Caspersen: **Duftende Rosen.** München 2000

Peter Beales, Tommy Cairns, Walter Duncan: **Rosen-Enzyklopädie.** Köln 2002

Roy Genders: **Die Rose – Ein vollständiges Handbuch.** Cham 1992

Anny Jakob, Heidi und Wernt Grimm, Bruno Müller: **Alte Rosen und Wildrosen.** Stuttgart 1992

Charles und Birgid Quest-Ritson, The Royal Horticultural Society: **Rosen – Die große Enzyklopädie.** Starnberg 2004

Verein Deutscher Rosenfreunde (VDR): **Rosenbogen** (Mitgliederzeitschrift)
Waldseestraße 14
76530 Baden-Baden
www.rosenfreunde.de

www.namen-der-rosen.de

Rhododendren

Johann Berg und Lothar Heft: **Rhododendron und immergrüne Laubgehölze.** Stuttgart 1991

Rainer Härig, Helmut Härig: **Rhododendron und Azaleen.** Stuttgart 2004

Zwiebel- und Knollenpflanzen

Reinhilde Frank: **Zwiebel- und Knollengewächse.** Stuttgart 1997

Anna Pavord: **Die Tulpe.** Frankfurt 1999

Anm.: Die hier aufgeführten Werke gehören zur Standardliteratur. Einige von ihnen sind nicht mehr lieferbar, aber im antiquarischen Buchhandel noch zu finden.
www.zvab.de
www.eurobuch.com
www.amazon.de

Bildnachweis

Unschlagvorderseite:
Charles Hawes, Cherney House Garden, Gloucestershire, England
Umschlagrückseite:
(1. Seite 118-7, 2. Seite 15, 3. Seite 118-2 4. Seite 121-3, 5. Seite 32-4, 6. Seite 44-3, 7. Seite 118-8)
Vorsatzpapier:
Gary Rogers, Schaugarten der Staudengärtnerei Arends-Maubach, D. Anja Maubach
2 **Andrew Lawson**/NTPL, Hidcote Manor Garden, Gloucestershire, England
6 **Stephen Robson**/NTPL, Sissinghurst Castle Garden, Kent, England
9 **Heidi Howcroft,** Stourton Garden, Wiltshire, England
10 **Heidi Howcroft**
15 **Andrew Lawson,** D. Piet Oudolf, Hummelo, Niederlande
16/17 **Andrea Jones**/NTPL, Greenway, Devon, England, D. Skulptur Woman and Child, Bridget McCrumb
18 **Gary Rogers**
22 **Gary Rogers:** 2. **The Walled Garden**, CFS 2003, D. Judith Wise & Juliet McKelve, 3. D. LA Papenfuss & Rösner, 4. D. LA Droll & Lauenstein
25 **Gary Rogers,** The Old Rectory, Gloucestershire, England, D. Mary Keen
28 **Gary Rogers:** 1. und 4. USA, D. Wolfgang Oehme & James van Sweden, 2. CFS 2003 »Yorkshire Forward Garden«, D. Julian Dowle Partnership
31 1. **Gary Rogers,** D. Ursula & Klaas Schnitzke-Spijker Deutschland, 2. **Andrew Lawson,** Sticky Wicket, Dorset, England, D. Pam Lewis, 3. **Andrew Lawson**/NTPL, Sissinghurst Castle Garden, Kent, England, 4. **Gary Rogers,** USA, D. Landcraft, Dennis Schrader & Bill Smith, 5. **Andrew Lawson,** 6. **Charles Hawes,** Cerney House, Gloucestershire, England, 7. **Gary Rogers,** Broxwood Court, England, 8. und 9. **Andrew Lawson**
32 1. **Gary Rogers,** 2. **Heidi Howcroft,** Waddesdon Manor, Buckinghamshire, England, 3. **Andrew Lawson,** The Priory, Kemerton, Gloucestershire, England, 4. und 5. **Gary Rogers,** USA, D. Landcraft, Dennis Schrader & Bill Smith, 6. und 8. **Gary Rogers,** The Lance Hattatt Design Garden, Herefordshire, England. D. Jane & Lance Hattatt. 7. **Andrew Lawson.** 9. **Andrea Jones**/NTPL, Greenway, Devon, England
35 **Andrew Lawson,** Westpark München, D. LA Gerhard Teusch
36 1. **Andrew Lawson,** Sticky Wicket, Dorset, England, D. Pam Lewis, 2. **Gary Rogers,** Garten Pelz Biederitz, Deutschland, 3. **Andrew Lawson,** D. Tom Stuart-Smith, 4. **Gary Rogers,** Garten Jahnke, Deutschland
39 1. **Gary Rogers,** USA, D. Wolfgang Oehme & James van Sweden, 2. und 3. **Gary Rogers,** 4. **Andrew Lawson,** Kellie Gardens, Schottland
40/41 **S. & O. Matthews,** Privatgarten Isle of Wight, England
42 **Christa Brand,** D. Doris Prütting, Malerin, Deutschland
44 1., 2., 4. und 6. **Gary Rogers,** 3., 5., 7. und 9. **Heidi Howcroft,** 8. **Gary Rogers,** Chatsworth House Gardens, Derbyshire, England
47 **Gary Rogers,** Garten Müller, Deutschland
48 **Gary Rogers,** Garten Baer, Schweiz
51 1. **Charles Hawes,** The Hawthornes, Monmouthshire, Wales, 2. **Gary Rogers,** Balkon Rogers, Deutschland, 3. CFS 2004, Marston & Langinger, D. Jinny Blom, 4. und 5. **Heidi Howcroft,** 6. **Andrew Lawson,** 7. **Gary Rogers,** Garten Jahnke, Deutschland, 8. und 9. **Gary Rogers**
52 **S. & O. Mathews,** Merrie Cottage, Isle of Wight, England
55 1. **Andrew Lawson,** 2. **Andrew Lawson,** D. Wendy Lauderdale, 3. **Gary Rogers,** Bryans Ground, Herefordshire, England, D. David Wheeler & Simon Dorrell, 4. **Andrew Lawson**
56 **Charles Hawes,** Longham Pottery, Coryton, Devon, England
58/59 **Charles Hawes,** The Hawthornes, Monmouthshire, Wales
60 **Andrew Lawson,** The Priory, Kemerton, Gloucestershire, England
62 **Andrew Lawson,** Waterperry Gardens, Oxfordshire, England
65 1. **Stephen Robson**/NTPL, Packwood House, Warwickshire, England, 2. **Andrew Lawson,** Coughton Court, England, 3. **Andrew Lawson,** The Priory, Kemerton, Gloucestershire, England, 4. **Andrew Lawson**/NTPL, Hidcote Manor Garden, Gloucestershire, England
66 **Andrew Lawson,** The Priory, Kemerton, Gloucestershire, England
69 **S. & O. Mathews,** North Court, Ilse of Wight, England
70 1. **Andrew Lawson,** 2. **Heidi Howcroft,** Stourton House Garden, Wiltshire, England 3. **Gary Rogers,** 4., 5. und 6. **Heidi Howcroft,** 7. **Gary Rogers,** 8. **Andrew Lawson,** The Priory, Kemerton, Gloucestershire, England, 9. **Heidi Howcroft,**
73 **Andrew Lawson,** The Priory, Kemerton, Gloucestershire, England
74/75 **Gary Rogers,** Helmington Hall, Suffolk, England
76 **Andrew Lawson,** D. Piet Oudolf, Hummelo, Niederlande
78 **Gary Rogers**
81 **Andrew Lawson,** Hermannshof, Weinheim, Deutschland
82 **Andrew Lawson,** D. Piet Oudolf, Hummelo, Niederlande
85 1. und 9. **Gary Rogers,** Gartenanlage Gedenkstätte Karl Foerster, Potsdam-Bornim, Deutschland, 2. **Andrew Lawson,** 3. **Andrew Lawson,** Sticky Wicket, Dorset, England, D. Pam Lewis, 4. **Gary Rogers,** 5. **Andrew Lawson,** 6. **Gary Rogers,** 7. und 8. **Andrew Lawson**
86 **Andrew Lawson,** D. Piet Oudolf, Hummelo, Niederlande

89 **Gary Rogers,** Schaugarten der Staudengärtnerei Arends-Maubach, Deutschland, D. Anja Maubach
90/91 **Andrew Lawson,** D. Piet Oudolf, Hummelo, Niederlande
92 **Charles Hawes,** Cherney House Garden, Gloucestershire, England
94 **Gary Rogers,** Garten Scholz, Deutschland
97 1. bis 3. **Heidi Howcroft,** 4. und 6. **Gary Rogers,** 5, 7 bis 9. **Heidi Howcroft**
98 **Gary Rogers,** CFS 2004, The Merrill Lynch Garden, D. Dan Pearson
103 **Charles Hawes,** East Ruston Old Vicarage, Norfolk, England, D. Graham Robeson & Alan Gray
104 1. **Gary Rogers,** Tatton Flower Show, »A Chocolate Garden«, D. Janine Crimmins, 2., 4. und 5. **Charles Hawes,** East Ruston Old Vicarage, Norfolk, England, D. Graham Robeson & Alan Gray, 3. **Andrew Lawson,** Hill View Farm, England, 6. **Gary Rogers,** Rosita Trinka Garden, Conneticut, USA, 7. **Gary Rogers,** Hampton Court Flower Show, »The Loire Valley Garden of Air and Water«, D. May & Watts Garden Design, 8. **Gary Rogers,** USA, D. Wolfgang Oehme & James van Sweden, 9. **Andrew Lawson,** Westpark München, Margeritenwiese, D. Heidi Howcroft
107 **Gary Rogers,** England, D. Roger & Fay Oates
108 **Jane Sebire,** Sheffield, England, D. James Hitchmough & Amanda Stokes
110/111 **Heidi Howcroft**
112 **Gary Rogers,** Broxwood Court, England
114 **Gary Rogers**, Garten Jung, Deutschland
117 **Gary Rogers,** Garten Scholz, Deutschland
118 **Gary Rogers:** 1. und 3. Maxwald Park, Niedersachen, Deutschland, 2. D. LA Droll & Lauenstein, 4. Broxwood Court, England, 5. Garten Haidacher, Deuschland. 6. Garten Hildebrandt, Deutschland, 8. D. LA Papenfuss & Rösner
121 1. und 6. **Gary Rogers,** Uta & Stephan Kirchner, Kleiseerkoog, Deutschland, 2. **Gary Rogers,** Chatsworth House Gardens, Derbyshire, England, 3., 4. und 9. **Gary Rogers,** Chenies Manor, Hertfordshire, England, D. Elizabeth Macleod Matthews, 5. **Stephen Robson**/NTPL, 7. **Heidi Howcroft**, 8. **Stephen Robson**/NTPL, Hicdcote Manor Garden, Gloucestershire, England
122 **Gary Rogers,** Belgien, D. No van Wonterghem
125 **Gary Rogers**
126/127 **Gary Rogers** (Schaugarten der Staudengärtnerei Arends-Maubach, D. Anja Maubach
128 **Andrew Lawson,** Coughton Court, England
136 **Andrew Lawson,** Sticky Wicket, Dorset, England, D. Pam Lewis

CFS Chelsea Flower Show
D Designer
LA Landschaftsarchitekt
NTPL National Trust Photographic Library

Dank

Ohne den Enthusiasmus und die Unterstützung von Dorothea Montigel und Jens-Peter Arndt vom Callwey Verlag wäre dieses Buch nicht zu Stande gekommen. Amos Kotte, der Geschäftsführer von Callwey, hat uns, dem »Blumengarten-Team«, die Freiheit gelassen, dieses Projekt zu verwirklichen. Ich möchte ihm wie auch Helmuth Baur-Callwey für das Vertrauen danken.
Die Fotografen Gary Rogers, Andrew Lawson, Jane Sebire und Charles Hawes – alle Mitglieder von Garden Writers Guild, Photographers Group – haben ebenso wie das Fotoarchiv des National Trust maßgeblich zum Inhalt des Buches beigetragen. Ohne die beispielhaften Gärten aus dem In- und Ausland wäre es nicht möglich, die verschiedenen Blumengarten-Stile so überzeugend darzustellen. An dieser Stelle möchte ich meinen Dank den Fotografen wie auch allen Gartenbesitzern und Gärtnern aussprechen.

Zu danken ist auch den Mitgliedern des »Howcroft-Teams«: Gudrun Lehneis für die pflanzliche Beratung und Johanna Gartner für die Überprüfung der Rechtschreibung. Mein Dank geht weiterhin an die Mitarbeiter des »Blumengarten-Teams«: an Maria Gurlitt-Satorii, die meine englischen Einführungstexte ins Deutsche übertragen hat, an die Lektorin Adriane Andreas und an den Grafiker Helmut Gebhardt, die meine Vorstellungen auf so hervorragende Art umgesetzt haben.